陈泉心理学考研系列

心理学考研教材通
知识全解读

发展心理学

主编 陈泉 许冰

北京邮电大学出版社
www.buptpress.com

图书在版编目（CIP）数据

发展心理学 / 陈泉，许冰主编． -- 北京：北京邮电大学出版社，2025.7

（心理学考研教材通——知识全解读；3）

ISBN 978-7-5635-6977-9

Ⅰ．①发… Ⅱ．①陈… ②许… Ⅲ．①发展心理学 Ⅳ．① B844

中国国家版本馆 CIP 数据核字 (2023) 第 143827 号

策划编辑：彭怀洲	责任编辑：王小莹	责任校对：张会良	封面设计：海图博雅	

- 出版发行：北京邮电大学出版社
- 社　　址：北京市海淀区西土城路 10 号
- 邮政编码：100876
- 发 行 部：电话：010-62282185　传真：010-62283578
- E-mail：publish@bupt.edu.cn
- 经　　销：各地新华书店
- 印　　刷：保定市中画美凯印刷有限公司
- 开　　本：889 mm×1 194 mm　1/16
- 印　　张：68.25
- 字　　数：1895 千字
- 版　　次：2025 年 7 月第 1 版
- 印　　次：2025 年 7 月第 1 次印刷

ISBN 978-7-5635-6977-9　　　　　　　　　　　　定价：228.00 元（共 7 册）

·如有印装质量问题，请与北京邮电大学出版社发行部联系·

学习导读

学科介绍

发展心理学主要研究人的生命全程当中心理发生发展的变化和规律,介绍了个体胎儿期、婴儿期、幼儿期、童年期、青少年期、成年期的生理发展、认知发展和社会性发展。发展心理学告诉了我们各个阶段的心理与行为的特点和规律,最终将会服务于我们的成长和幸福,它就像一本人生发展地图,告诉我们从何而来,每个阶段具有什么特点,又将走向何处。

科目框架

发展心理学主要分为三大部分:第一部分主要介绍这个学科研究什么,用什么样的方法研究,以及这个学科是如何发展而来的;第二部分介绍各个发展心理学理论;第三部分介绍不同时期的生理、认知、个性和社会性的发展。发展心理学科目框架如图1所示。

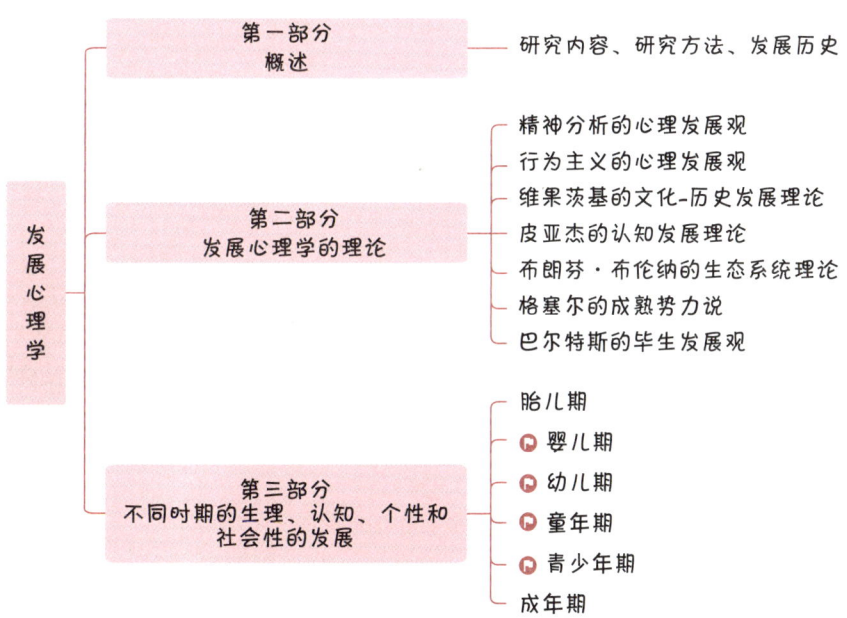

图1 发展心理学科目框架(旗帜标注处为重点内容)

考查目标

1. 理解并掌握发展心理学的基本概念、主要理论及其对教育工作的启示。
2. 理解并掌握认知、社会性等领域发展的年龄特征、相关理论及其经典实验研究。
3. 能够运用发展心理学的基本概念与基本原理,认识和分析个体学习、发展与教育教学过程中的各种现象与相关问题。

考查特点

（一）单项选择题

考查要点：基本概念、标志性事件、阶段特征。

例题：

1. 最近发展区是指（　　）。
   A. 儿童通过成人的帮助所达到的解决问题的水平
   B. 儿童先天具有的水平和后天发展的水平之间的差异
   C. 儿童在独立活动中所达到的解决问题的水平
   D. 在有指导的情景下，儿童通过成人的帮助所达到的解决问题的水平与在独立活动中所达到的解决问题的水平之间的差异

2. 6~12岁儿童的思维处于（　　）。
   A. 形象思维阶段　　　B. 形式运算阶段　　　C. 具体—抽象阶段　　　D. 具体运算阶段

（二）多项选择题

考查要点：理论内容、阶段特征、影响因素。

例题：

青春期的情绪变化特点包括（　　）。
   A. 容易攻击　　　B. 容易依赖　　　C. 不易自我控制情绪的波动　　　D. 青春期躁动

（三）名词解释

考查要点：基本概念、发展现象。

例题：

自我同一性、依恋

（四）简答题

考查要点：研究方法的对比、各个理论的内容、经典实验研究。

例题：

1. 发展心理学研究中的横断设计、纵向设计和交叉序列（聚合交叉）设计分别指的是什么？各自有什么优缺点？
2. 简述埃里克森心理发展阶段理论。
3. 简述双生子爬梯实验及其研究结论。

（五）论述题

考查要点：理论应用、结合理论分析社会现象、对教育工作的启示。

例题：

1. 试比较皮亚杰与维果茨基关于心理发展的基本观点，并结合儿童发展与教育的实践进行论述。
2. 心理学家在研究儿童言语发展过程的时候发现，无论哪个种族的儿童，其言语发展的过程都极为相似。具体表现为：大约1岁时儿童能说出被他人理解的词；2岁末儿童能说出词组；4~5岁儿童能说出符合语法结构的句子。这表明，儿童在出生后的4~5年内即获得了基本的听说能力。试选用两种不同的言语获得理论解释上述现象。

3.结合青少年自我意识的特点谈谈如何教育青少年。

发展心理学中学习的难点在于各个心理学家的理论以及不同阶段的特点,接下来我们将针对这两个方面给大家提供复习攻略,让同学们更好地去攻克理论,全面把握不同阶段的特点。

（一）厘清理论内部逻辑，结合事例学以致用

对于发展心理学中的重点理论,我们可以从以下方面进行学习：这个理论的提出者是谁？他是在什么样的时代背景下提出的这个理论？它的理论内部逻辑是什么？这个理论可以解释生活中的什么现象？

首先,在学习理论的时候,我们可以先了解理论提出者的生平和所处的时代背景,这有助于理解理论内容,理论的提出一定是在当时的时代背景下去解决相应的问题,因此,我们不能只站在现在的角度去看当时的理论,否则就会觉得太不合理。比如弗洛伊德的理论,现在看来,只注重性本能也太扯了,但是弗洛伊德处于非常压抑性欲的奥地利时代,性欲的压抑是当时的时代病症,了解了这一点,再去看这个理论,就能更好地代入学习。

其次,在学习理论的时候,我们一定要理解理论的逻辑,我们也可以按照这个理论是什么—为什么—怎么样的逻辑去完整地理解理论。比如皮亚杰的理论,它认为心理发展的原因是：个体心理发展起源于动作,通过同化与顺应两种方式,从简单图式发展出复杂图式,来保持与环境的平衡。知道了原因,那接下来如何发展呢？哪些因素会影响到发展？内部结构是怎么样的？这就对应皮亚杰所说的影响心理发展的因素（成熟、物理因素、社会环境、平衡）以及心理发展的四个结构（图式、同化、顺应、平衡）。心理发展的因素和结构说明了个体发展的过程,也就是回答了"为什么"的问题。最后就是"怎么样"的问题,皮亚杰提出了心理发展的四个阶段,即感知运动阶段（0~2岁）、前运算阶段（2~7岁）、具体运算阶段（7~12岁）、形式运算阶段（12~15岁）,每个阶段表现出不同的发展特点。这就是基于皮亚杰的观点所得出来的每个阶段的发展结果,如图2所示。当我们厘清了理论的内部逻辑,就能知道心理学家的理论为什么是这样的,理论就不再是教材上晦涩难懂的内容了,它会变成你自己的知识体系。

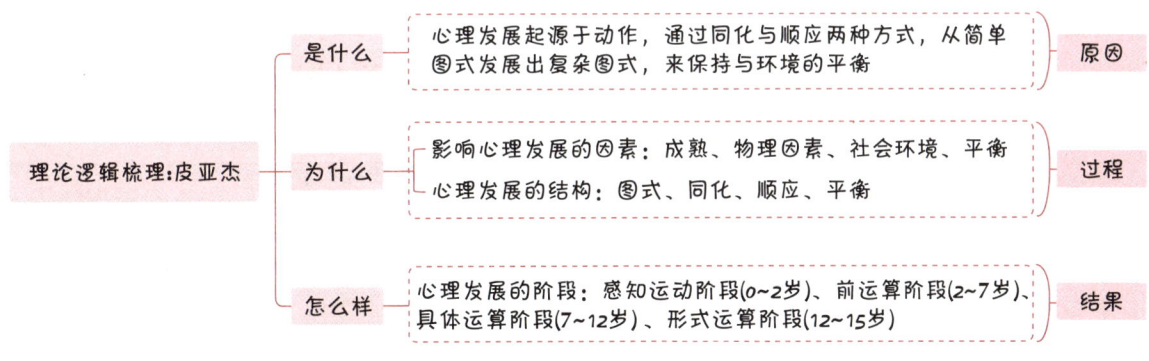

图2 理论逻辑梳理：皮亚杰

最后,在学习理论的时候,我们还要结合自己的生活事例去理解,这样一来,就会感觉理论原来和生活是如此贴近,对于理论的学习才能更加深刻；同时我们要用理论去指导自己的生活实践,学以致用。比如在学到皮亚杰的理论的时候,我们能想到很小的小朋友总是到处看看、到处摸摸,这就是皮亚杰所说的动作,小朋友通过动作来认识周围环境,和周围环境达到平衡；我们还能想到指鹿为马,这就是同化。皮亚杰认为不同阶段的发展特点不一样,因此,我们在教育儿童的时候,要根据他们每个阶段的特点去因材施教。重点理论学习三部曲如图3所示。

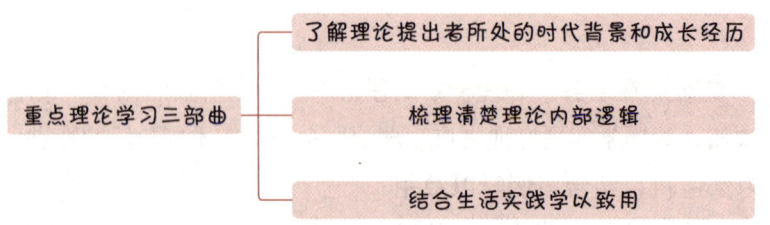

图3　重点理论学习三部曲

（二）宏观把握整体内容，微观进行专题总结

无论是从横向的角度还是从纵向的角度去学习发展心理学，我们都需要将教材的知识内化成自己的知识体系，我们每阅读完一章的内容，可以借助于 Xmind 思维导图或者表格，从生理、认知、个性和社会性发展这几个方面将每章的内容简单进行总结，比如我们在看完林崇德的《发展心理学》中"婴儿时期"这一节的内容之后，可以通过图4进行梳理。

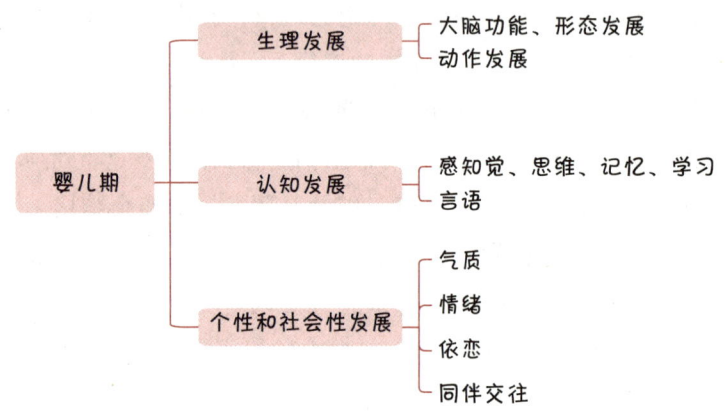

图4　婴儿期

这样对于每章大概讲了什么内容，我们会更加清晰。当我们把整本书看完之后，又可以通过专题的形式对每个发展主题进行总结和归纳，对比记忆。以思维为例，我们可以通过表1进行归纳。

表1　不同时期思维的发展特点

婴儿期	幼儿期	童年期	青少年期	成年早期
6个月时婴儿能进行模仿；12个月以前婴儿能利用工具解决问题，获得了手段-目的分析策略，获得了客体永久性	具体形象性是主要特点；思维的抽象逻辑性开始萌芽；言语在思维中的作用日益增强	逐步过渡到以抽象逻辑思维为主要形式，但仍带有很强的具体性；由具体形象思维到抽象逻辑思维的过渡存在明显的关键期；思维结构趋于完整，但有待完善	由形象思维、抽象思维过渡到辩证思维，主要特点是思维逐步符号化	成年早期的思维方式以辩证逻辑思维为主，成年早期的后期是表现创造性思维的重要时期。成年晚期更多地运用后形式运算思维

这样不同时期思维的发展特点就非常清晰了，有助于我们对不同阶段思维发展的变化有更精准的把握。

通过以上两个步骤，我们不仅在整体上把握了内容的逻辑，对于具体的内容，也进行了专题的学习，后期按照这样的方法去进行背诵，也会非常清晰。

目录

第一章 发展心理学概述

知识导读 ··· 001

知识地图 ··· 001

知识精讲 ··· 002

第一节 发展心理学的研究对象和研究内容 ·· 002

知识点 1　发展心理学的研究对象 ··· 002

知识点 2　发展心理学的研究内容 ··· 002

第二节 发展心理学的研究设计 ·· 003

知识点 1　横断设计/横向研究 ··· 003

知识点 2　纵向设计/追踪研究 ··· 004

知识点 3　聚合交叉设计 ·· 004

知识点 4　行为遗传学研究 ·· 005

知识点 5　微观发生学设计 ·· 006

第三节 发展心理学的历史 ·· 007

知识点 1　近代西方儿童心理学产生的历史原因 ··· 007

知识点 2　科学儿童心理学的诞生和演变 ··· 008

知识点 3　从儿童发展到个体毕生全程发展的研究 ··· 008

第二章 心理发展的基本理论

知识导读 ··· 010

知识地图 ··· 010

知识精讲 ··· 011

第一节 心理发展的主要理论 ·· 011

知识点 1　精神分析的心理发展观 ··· 011

知识点 2 行为主义的心理发展观	016
知识点 3 维果茨基的文化-历史发展理论	019
知识点 4 皮亚杰的认知发展理论	021
知识点 5 布朗芬·布伦纳的生态系统理论	024
知识点 6 格塞尔的成熟势力说	025
知识点 7 巴尔特斯的毕生发展观	026
知识点 8 进化发展理论	027

第二节 心理发展的基本问题 ············ 028

- 知识点 1 关于遗传和环境的争论 ············ 028
- 知识点 2 发展的连续性与阶段性 ············ 028
- 知识点 3 发展的主动性与被动性 ············ 029
- 知识点 4 儿童心理发展的"关键期"问题 ············ 029

第三节 心理发展的影响因素 ············ 030

- 知识点 1 心理发展的影响因素 ············ 030

第三章 心理发展的生物学基础与胎儿发育

知识导读 ············ 032
知识地图 ············ 032
知识精讲 ············ 032

第一节 心理发展的生物学基础 ············ 032

- 知识点 1 遗传与基因 ············ 032
- 知识点 2 生命的开始 ············ 033

第二节 胎儿的发育 ············ 033

- 知识点 1 胎儿的发育阶段 ············ 033
- 知识点 2 胎儿发育的影响因素 ············ 034

第四章 婴儿的心理发展

知识导读 ············ 036
知识地图 ············ 036
知识精讲 ············ 037

第一节 婴儿神经系统的发展 ············ 037

- 知识点 1 婴儿大脑的发展 ············ 037

知识点 2	新生儿反射	038

第二节　婴儿动作的发展 ··· 039
　　知识点 1　婴儿动作发展的规律 ··· 039
　　知识点 2　婴儿动作发展的顺序 ··· 039
　　知识点 3　动作发展对心理发展的重要意义 ··· 040
　　知识点 4　影响动作发展的因素 ··· 040

第三节　婴儿言语的发展 ··· 041
　　知识点 1　言语发展理论 ··· 041
　　知识点 2　婴儿言语发展的过程 ··· 044
　　知识点 3　词汇的获得 ··· 045
　　知识点 4　语法的获得 ··· 045

第四节　婴儿认知的发展 ··· 046
　　知识点 1　婴儿感觉的发展 ··· 046
　　知识点 2　婴儿知觉的发展 ··· 046
　　知识点 3　婴儿感知觉的研究方法 ··· 047
　　知识点 4　婴儿记忆的发生与发展 ··· 048
　　知识点 5　婴儿思维的发生与发展 ··· 049

第五节　婴儿气质的发展 ··· 049
　　知识点 1　婴儿气质类型学说 ··· 049
　　知识点 2　气质的稳定性与可变性 ··· 051
　　知识点 3　气质对早期教养和发展的意义 ··· 051
　　知识点 4　父母的教养方式 ··· 052

第六节　婴儿社会性的发展 ··· 053
　　知识点 1　婴儿的情绪发展 ··· 053
　　知识点 2　婴儿的依恋 ··· 054
　　知识点 3　早期同伴交往 ··· 057
　　知识点 4　婴儿自我的发展 ··· 057

第五章　幼儿的心理发展

知识导读 ··· 059
知识地图 ··· 059
知识精讲 ··· 060

第一节　幼儿神经系统的发展 ··· 060
  知识点 1　幼儿大脑结构的发展 ··· 060
  知识点 2　幼儿大脑机能的发展 ··· 060

第二节　幼儿的游戏 ··· 061
  知识点 1　游戏理论 ··· 061
  知识点 2　游戏种类及其发展 ··· 063

第三节　幼儿言语的发展 ··· 064
  知识点 1　幼儿词汇的发展 ··· 064
  知识点 2　幼儿句子的发展 ··· 065
  知识点 3　幼儿口语表达能力的发展 ··· 065
  知识点 4　内部言语与自我中心言语 ··· 065

第四节　幼儿认知的发展 ··· 066
  知识点 1　幼儿注意的发展 ··· 066
  知识点 2　幼儿记忆的发展 ··· 067
  知识点 3　幼儿思维的发展 ··· 068
  知识点 4　心理理论 ··· 071

第五节　幼儿个性与社会性的发展 ··· 072
  知识点 1　自我意识的发展 ··· 072
  知识点 2　幼儿道德认知的发展 ··· 073
  知识点 3　幼儿社会性行为的发展 ··· 075
  知识点 4　性别角色的社会化 ··· 075
  知识点 5　同伴关系 ··· 077

第六章　童年期儿童的心理发展

知识导读 ··· 079

知识地图 ··· 079

知识精讲 ··· 080

第一节　童年期儿童的学习 ··· 080
  知识点 1　学习概述 ··· 080
  知识点 2　童年期儿童的学习特点 ··· 080
  知识点 3　学习对童年期儿童心理发展的作用 ··· 081
  知识点 4　小学儿童的学习障碍 ··· 081

第二节　童年期儿童言语的发展 ········ 083
  知识点 1　书面言语的发展 ········ 083
  知识点 2　内部言语的发展 ········ 083

第三节　童年期儿童认知的发展 ········ 083
  知识点 1　注意的发展 ········ 083
  知识点 2　记忆的发展 ········ 084
  知识点 3　思维发展的一般特点 ········ 085
  知识点 4　元认知及其发展 ········ 085

第四节　童年期儿童个性与社会性的发展 ········ 086
  知识点 1　自我意识的发展 ········ 086
  知识点 2　社会性认知 ········ 087
  知识点 3　人际关系 ········ 088
  知识点 4　道德的发展 ········ 090

第七章　青少年的心理发展

知识导读 ········ 092
知识地图 ········ 092
知识精讲 ········ 093

第一节　青少年的身心发展 ········ 093
  知识点 1　青少年的生理发育 ········ 093
  知识点 2　青少年心理发展的一般特点 ········ 093

第二节　青少年的认知发展 ········ 094
  知识点 1　青少年思维发展的一般特点 ········ 094
  知识点 2　抽象逻辑思维的发展 ········ 095
  知识点 3　形式逻辑思维的发展 ········ 096
  知识点 4　辩证逻辑思维的发展 ········ 096

第三节　青少年的自我发展 ········ 097
  知识点 1　青少年自我发展的一般特点 ········ 097
  知识点 2　自我同一性的发展 ········ 098

第四节　青少年的社会性发展 ········ 100
  知识点 1　道德发展 ········ 100
  知识点 2　青少年的社会关系与人际交往 ········ 100

知识点 3　反社会行为和犯罪 ··· 101
第五节　青少年的情绪发展 ··· 102
　　知识点 1　青少年情绪发展的一般特点 ··· 102
　　知识点 2　常见情绪困扰 ·· 103

第八章　成年期的心理发展

知识导读 ··· 105
知识地图 ··· 105
知识精讲 ··· 106
第一节　成年期发展任务理论 ·· 106
　　知识点 1　埃里克森的理论 ··· 106
　　知识点 2　莱文森的理论 ·· 106
　　知识点 3　古尔德的理论 ·· 106
　　知识点 4　哈维格斯特的理论 ·· 107
第二节　成年早期的心理发展 ·· 108
　　知识点 1　成年早期的一般特征 ··· 108
　　知识点 2　成年早期自我的形成 ··· 108
　　知识点 3　成年早期的恋爱 ··· 109
　　知识点 4　成年早期的婚姻和家庭 ··· 110
第三节　成年中期的心理发展 ·· 111
　　知识点 1　成年中期的智力发展 ··· 111
　　知识点 2　成年中期的人格发展 ··· 112
　　知识点 3　成年中期的家庭 ··· 114
　　知识点 4　成年中期的职业 ··· 114
第四节　成年晚期的心理发展 ·· 115
　　知识点 1　老化及其理论 ·· 115
　　知识点 2　两种不同的老年发展观 ··· 117
　　知识点 3　成年晚期的认知发展 ··· 117
　　知识点 4　成年晚期的情绪情感 ··· 119
　　知识点 5　成年晚期的适应模型和临终心理 ·· 119

参考文献 ··· 121

第一章 发展心理学概述

知识导读

心理发展是人类发展的一个重要部分。从种系心理的演变，到个体心理的变化过程，构成了发展心理学的研究对象。在研究内容的基础上，发展心理学形成了本学科独具特色的研究设计类型，用以探索人类毕生发展的普遍规律和年龄特征。在学科诞生之初，涌现了数位杰出的发展心理学家，他们对儿童的心理发展进行了深入的观察和研究，并将研究范围扩展到人的一生，其著作、主要观点和贡献都值得我们学习和铭记。

在考试中，第一节、第三节主要以选择题的形式进行考查，尤其以第三节中的众多人物、代表性著作、成就和贡献为高频考点，因此考生要留心记忆。第二节通常会以选择题、简答题或综合题等形式进行考查。在五种特殊的研究设计中，横断设计、纵向设计和聚合交叉设计是重中之重，考生务必达到熟练掌握和应用的程度。

知识地图

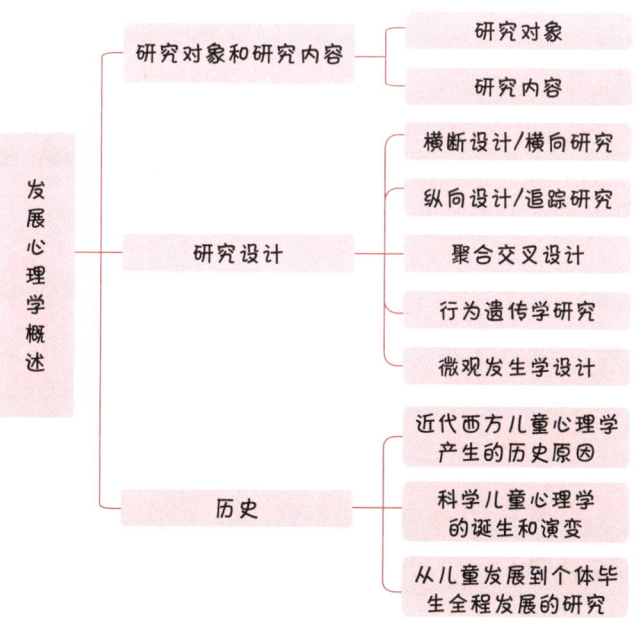

知识精讲

第一节　发展心理学的研究对象和研究内容

知识点 1　发展心理学的研究对象 ★　　>> TIPS ①

1. 广义的发展心理学

在广义上，发展心理学是研究**种系心理发展**和**个体心理发展**的科学。

①种系心理发展：种系心理发展是指从动物到人类的心理演变过程，包括动物心理的演变过程（动物心理学/比较心理学）和人类心理的演变过程（民族心理学）。

a. 动物心理学旨在查清从低级动物到类人猿的心理是怎样发生的，又是怎样在适应自然的情况下逐步从低级形态（感应性）向高级形态（思维的萌芽）发展的。

b. 比较心理学将动物的心理与人的心理进行比较，从比较中确定它们的联系和差别。

c. 民族心理学主要研究原始人类，即从类人猿到文明人类的心理和意识的发生和发展。

②个体心理发展。

2. 狭义的发展心理学

在狭义上，发展心理学就是指**个体发展心理学**，它主要研究个体从受精卵的形成一直到衰老、死亡的生命全程中，心理发生、发展的特点和规律，即研究**毕生心理发展的特点和规律**。

具体来说，发展心理学主要从以下**两个部分**和**四个方面**进行研究。

（1）两个部分　　>> TIPS ②

①认知发展的年龄特征：认知包括感觉、知觉、记忆、思维、想象等，**思维的年龄特征的研究**是其中最主要的一环。

②社会性发展的年龄特征：社会性包括兴趣、动机、情感、价值观、自我意识、能力、性格等，**性格的年龄特征的研究**是其中最主要的一环。

（2）四个方面

①心理发展的社会生活条件和教育条件；

②生理因素的发展；

③动作和活动的发展；

④言语的发展。

知识点 2　发展心理学的研究内容 ★

1. 心理发展的基本原理或规律　　>> TIPS ③

①**先天遗传**和**后天环境**在心理发展中的作用；

TIPS 1

发展就意味着变化，但不是所有的变化都是发展。发展的变化有三个特点：①系统性；②连续性；③持久性。例如，暂时的情绪波动就不属于发展。

TIPS 2

也有教材分为三个部分：生理发展、认知发展、人格和社会性发展的年龄特征。两种说法都可以，同学们按所用的教材进行记忆即可。

TIPS 3

关于心理发展的基本原理或规律，不同教材有不同的说法，比较一致且重要的是前三点。第④、⑤点补充自林崇德的《发展心理学》，第⑥~⑧点补充自刘金花的《儿童发展心理学》。同学们可直接按照院校指定教材的表述进行背诵，多出的几点作为拓展知识，了解即可。

②心理发展的内因（主动性）和外因（被动性）问题；
③心理发展的阶段性和连续性问题；
④心理发展的特殊性和普遍性、多样性和固定性问题；
⑤发展终点是开放的还是有最终目标的问题；
⑥发展在时间上的稳定性或不稳定性问题；
⑦不同情境中的行为一致性问题；
⑧心理发展中的"关键期"问题。

2. 生命全程心理发展的年龄特征 >> TIPS ④

心理发展的年龄特征指心理发展的各阶段具有的一般特征（普遍性）、典型特征（代表性）或本质特征（特有性）。目前年龄阶段的划分标准主要包括如下几种。

①生理发展：如柏曼以内分泌腺为分期标准。
②智力发展：如皮亚杰以思维发展为分期标准。
③个体发展特征：如埃里克森对人格发展阶段的划分。
④活动特点：如艾里康宁、达维多夫的划分。
⑤生活事件：如成年期分为成年早期、中期、晚期。

TIPS ④

例如，幼儿思维发展的突出特点是以具体形象思维为主，具体形象思维在幼儿期具有普遍性、代表性、特有性。因此，这一特征就是幼儿期突出的年龄特征之一。

> **本节小结**
> 本节首先介绍了发展心理学的研究对象，说明了发展心理学有广义和狭义之分；其次阐述了发展心理学的研究内容，包括心理发展的基本原理和生命全程心理发展的年龄特征。

第二节 发展心理学的研究设计

发展心理学的主要研究设计包括横断设计、纵向设计、聚合交叉设计、双生子设计和微观发生学设计等。

知识点 1 横断设计 / 横向研究 ★★ >> TIPS ①

1. 横断设计的含义 >> TIPS ②

横断设计指在同一时间内，对不同年龄的被试的心理发展水平进行观测和比较。

2. 横断设计的优缺点

（1）优点
①省时省力、效率高，可在短时间内收集大量样本。
②由于时间短，因此避免了环境变迁、时间变迁对发展产生的影响。

（2）缺点
①可能混淆年龄变化和同辈效应。同辈效应（世代效应、组群

TIPS ①

在生活中，横向研究是最为常见的一种研究方式。人口普查、民意测验等描述性研究大多采用横向研究的方式。

TIPS ②

注意横断设计中的"同一时间"不是指具体的某个时刻，而是指相对比较短的一段连续的时间，如一周内、一个月内等。例如，运用发散性思维测验同时测量9岁、12岁、15岁三个年龄组的儿童，可以观察到儿童发散性思维能力的发展趋势。

效应，cohort effect）是指由不同个体出生并成长在不同时期所带来的干扰效应，即群体中的年龄差异是由群体成长时所处的特定历史文化背景等造成的，不是由个体发展造成的。　　》TIPS ③

②只在某个时间点对被试进行测量，无法获得个体发展的连续性和转折点的数据。

③难以确定因果关系。

④不能看到被试的个别差异，只能看到他们的总体发展状况。

知识点 2　纵向设计 / 追踪研究 ★★　　》TIPS ④

1. 纵向设计的含义

纵向设计指在不同时间（较长时间），对同一个体或年龄组在较长的时间内进行系统的定期连续观察和研究。

2. 纵向设计的优缺点　　》TIPS ⑤

（1）优点

①能够看到较为完整、系统的发展与变化特点，了解发展的连续过程和从量变到质变的规律。

②有助于探明早期发展与未来心理发展的联系，了解发展的原因与机制。

（2）缺点

①费时费力、效率低。

②时间长，易流失被试样本。

③长期追踪要经历时代、社会、环境的变化，可能导致变量增多。

④反复测量可能引起被试的情绪变化，产生练习效应，影响数据可靠性。

⑤可能存在跨代效应（cross-generational problem），即研究所用的被试群体来自某一特殊年代，该年代的显著特征为该群体带来了特定的影响，从而使研究结果难以推广到其他群体，外部效度低。

⑥由于追踪时间较长，纵向设计也可能出现同辈效应。

知识点 3　聚合交叉设计 ★★★

1. 聚合交叉设计的含义　　》TIPS ⑥

聚合交叉设计是将横断设计与纵向设计结合在一起的方法。在聚合交叉设计中，研究者需选择不同年龄的群体作为研究对象，并在短期内重复观察这些对象。

2. 聚合交叉设计的优缺点

（1）优点

①可大面积筛查（横断设计）。

TIPS ③

一个同辈效应的例子：某研究测量青少年、成年人、老年人对摇滚乐的兴趣，可能会得到兴趣随年龄增长而减弱的结果。但事实上，这一结果也有可能与不同时代流行的音乐风格（特定文化）有关。总之，研究中可能存在同辈效应的干扰，年龄不一定是造成变化的唯一因素。

TIPS ④

科学儿童心理学的奠基人——普莱尔是最早运用系统追踪观察法进行纵向研究的儿童心理学家。

TIPS ⑤

跨代效应影响的是结果的推广性，可以简单理解为：研究结果之间存在代沟，根据上一代人所得的结论不一定适用于下一代人。同辈效应造成的是实验混淆，即把社会环境不同导致的差异误以为是发展导致的差异。综上，横断设计的缺点主要是同辈效应；纵向设计的缺点主要是跨代效应，也有可能出现同辈效应。

TIPS ⑥

一项研究的目的是考察某药物对孤独症的干预效果。在实际操作中，先同时对100名5~18岁的孤独症儿童施测（横断设计），然后分别在一年后、两年后、三年后对这群被试再次施测（纵向设计）。该研究就属于聚合交叉设计的基本模式。

②能够系统、详尽地掌握心理发展的连续过程和特点（纵向设计）。

③采用静态和动态相结合的原则，能够缩短长期追踪的研究时间。

（2）缺点

①需要大量的时间和精力，数据处理比较复杂。

②得出的结论是否能推广到其他群体还需进一步验证。

知识点 4 行为遗传学研究 ★

在传统行为遗传学研究中，最常见的研究是双生子研究，另外还包括家族研究和收养研究。对动物的研究则主要采用选择性繁殖的方法。

1. 双生子研究

（1）双生子研究的含义

双生子设计通过比较同卵、异卵双生子之间在某种行为特征上的相似性，探索遗传和环境对这种行为特征的影响程度。此方法多用于智力、人格的研究。

（2）同卵双生子和异卵双生子

①同卵双生子：由同一个受精卵分裂而成的两个胚胎，两者具有几乎完全相同的遗传特性。因此，同卵双生子所表现出来的心理与行为上的相似性可归因于遗传因素；同理，同卵双生子之间的差异可归因于环境因素。

②异卵双生子：由两个受精卵发育而成的两个胚胎，基因大约有一半相同。异卵双生子的基因虽然不同，但是在生长环境上有许多相似性。

不同抚养方式下同卵、异卵双生子的特点如表1-1所示。

表1-1 不同抚养方式下同卵、异卵双生子的特点

抚养方式	同卵双生子	异卵双生子
共同抚养	基因相同，环境相同	基因不同，环境相同
分开抚养	基因相同，环境不同	基因不同，环境不同

（3）双生子研究的优点

①同卵双生子遗传基因相同，其差异可归结为环境作用。

②异卵双生子遗传基因不同，但本研究可控制其成长环境的相似性，故其差异可归结为遗传作用。

（4）双生子研究的缺点

①孤立遗传与环境的影响，未考虑两者之间的交互作用。

②考虑伦理道德因素，难以找到合适被试。

TIPS 7

以遗传和环境对智力的影响程度为例，假设遗传因素对智力起作用，那么在智力测验中，同卵双生子的测验结果应该比异卵双生子的测验结果相关度更高；反之，如果遗传因素对智力不起作用，则两类双生子在智力测验的结果上没有显著差异。研究结果显示，同卵双生子智力测验分数的相关值为0.86，异卵双生子智力测验分数的相关值为0.60，这就说明智力肯定受遗传因素的影响。

2. 家族研究

家族研究的假设为：成功人士的家族可能有更多的成功人士，遗传病患者家族可能有更多的遗传病患者。目前，家族研究较多应用在疾病的遗传研究中。

3. 收养研究

收养研究探讨养子女与其养父母、亲生父母之间的相关程度，如果遗传基因起作用，那么养子女与亲生父母之间的相关程度应比与养父母的高。

4. 选择性繁殖

（1）选择性繁殖是通过对动物或植物的某些特质进行选择性配对，控制其后代繁殖，以考察遗传基因对这种特质的影响。

（2）实验研究

特雷恩在1940年采用选择性繁殖的方法研究父代聪明的老鼠，其子代是否仍然表现得很聪明。该实验把聪明老鼠和愚笨老鼠分别进行配对繁殖，直至第18代，观察其各子代进行迷宫任务的学习成绩是否有显著差异。结果发现，聪明老鼠的各个子代跑迷宫所犯的平均错误数量均显著低于愚笨老鼠的对应子代。

知识点 5　微观发生学设计 ★

1. 微观发生学设计的含义　　» TIPS ⑧

微观发生学设计是指在一段时间内反复让被试接受可以导致变化的刺激，或者反复给他们学习的机会，从而使得研究者能够看到和分析变化发生的过程。它从微观的角度关注发展的发生，观测时间通常是一段非常短的（数周、数月）、快速变化的发展期。

2. 微观发生学设计的优缺点　　» TIPS ⑨

（1）优点

①能直接观测发展变化的过程，描述变化如何发生以及变化的数量和性质。

②能观察到个体的内部差异，以及发展变化的速率和时间。

③能确定变化最有可能发生的条件。

④可获得变化过程的精细信息，进而做出综合性的解释。

⑤有助于确定从一种行为模式到另一种行为模式的转折点。

（2）缺点

①要对被试逐个观察、逐点记录，耗时耗力。

②反复测量可能引起被试的不良情绪或练习效应。

③只适用于动机强的被试，研究的成败取决于被试能否积极做出反应。

微观发生学设计有利于研究认知发展。安斯沃思的陌生情境测验就属于微观发生学设计的一种。

横断设计和纵向设计都无法告诉我们变化是如何发生的，或者变化的机制是什么；微观发生学设计可以检验变化是如何发生的，进而试图澄清和解释其内在机制，这是这种方法的鲜明特点。

④在有些情况下，研究者难以分清被试已具备的能力和变化后的能力。

⑤可能存在观察定向性的问题，即想观察的行为未出现，不想观察的行为出现。

> **本节小结**
> 发展心理学对人的毕生发展进行探索，所使用的研究方法在一般科学方法的基础上，结合"发展"的特点，形成了自己的独特方法，包括横断设计、纵向设计、聚合交叉设计、双生子设计、微观发生学设计等。

第三节 发展心理学的历史

知识点 1 近代西方儿童心理学产生的历史原因 ★

1. 近代社会的发展

文艺复兴后，一些进步的思想家提出了尊重儿童、发展儿童天性的口号。这些为儿童心理学的发展奠定了最初的思想基础。

2. 近代自然科学的发展

近代自然科学的三大发现（细胞学说、能量守恒定律和生物进化论）推翻了形而上学的科学观，促进了辩证自然观的发展，要求从发展变化的角度研究事物的本质和规律。

3. 近代教育的发展

近代教育要求了解儿童、尊重儿童。一些教育家主张以心理学的规律为依据，这些教育家的思想推动了研究儿童的著作和组织的出现。

①裴斯泰洛齐：对自己的孩子进行了约一个月的观察记录，被称为儿童心理学的"先声"。

②洛克：提出了"白板说"，认为儿童生来既不好也不坏，一切知识和观念都是从后天的经验中获得的；支持教养比天性更重要的观点。

③卢梭：提出了"机能论"、先天纯洁说，把儿童看作高尚的自然人；持"儿童中心论"观点，认为成人应当接纳儿童的需求，儿童可以自己决定自己的命运；最早提出了两个对儿童心理学影响巨大的概念："阶段"和"成熟"。

④夸美纽斯：提出了教育必须适应自然的原则；编写了第一本以儿童年龄特征为基础、系统讲述科学知识的书——《世界图解》；还提出了一系列符合儿童特点并能促进儿童心理发展的教育与教学原则。

⑤达尔文：他的进化论思想直接推动了儿童发展的研究。达尔文根据长期观察自己孩子的心理发展的记录而写成的《一个婴儿的

传略》(1876年)一书，是较早采用日记法对儿童进行观察研究的报告之一，也是儿童心理学早期专题研究成果之一。达尔文因此也被人们看成科学研究儿童的先驱。

知识点 2 科学儿童心理学的诞生和演变 ★

1. 科学儿童心理学的诞生——普莱尔

1882年，普莱尔出版了《儿童心理》，标志着科学儿童心理学的诞生。这本书被公认为是第一部科学的、系统的儿童心理学著作。普莱尔也因此被称为儿童心理学的创始人、奠基人。

2. 儿童心理学的演变

西方儿童心理学的产生、形成、演变和发展，大致可分为四个阶段。

（1）19世纪后期之前为准备时期。

（2）1882年至第一次世界大战是西方儿童心理学的形成时期，即欧洲和美国出现一批心理学家，他们开始用观察和实验方法来研究儿童心理发展。

（3）两次世界大战之间是西方儿童心理学的分化和发展时期。在这个时期，儿童心理学的研究工作和著作在数量上显著增长，在质量上显著提升。

（4）第二次世界大战之后是西方儿童心理的演变和增新时期，主要表现在理论观点的演变和具体研究工作的演变两个方面。

知识点 3 从儿童发展到个体毕生全程发展的研究 ★

1. 霍尔

① 1904年，霍尔出版了《青少年心理学》(又译作《青少年：它的心理学及其与生理学、人类学、社会学、性、犯罪、宗教和教育的关系》)，将儿童心理学研究的年龄范围扩大到青春期。

②霍尔也是最早正式研究老年心理学的心理学家，于1992年出版了《衰老：人的后半生》。但他未明确提出发展心理学要研究个体毕生全程的发展。

③霍尔提出了个体心理发展的"复演说"。

④霍尔被誉为"美国儿童心理学之父"。

⑤霍尔发明了研究儿童心理的新技术——问卷法，并首先运用这种客观研究的方法大规模对儿童和青少年进行了研究。

2. 精神分析学派——弗洛伊德、荣格、埃里克森

精神分析学派率先对人的一生的发展进行了研究。

①弗洛伊德：将人的心理发展从出生至青春期分为五个发展阶段。

②荣格：最早研究了成年后的心理发展，其发展观主要涉及三个方面：

a. 提出前半生与后半生分期的观点，即前半生和后半生沿着不同的路线发展，25~40岁是分界的年限，前半生的人格更倾向于向外展开，致力于外部世界。

b. 重视中年危机。人到中年易感到压抑、呆滞和紧迫，这些情感可能促使个体从关注外部世界转为关注内部世界。

c. 论述老年心理，特别是临终前的心理。

③埃里克森：在荣格的基础上，将弗洛伊德提出的年龄划分从青春期扩展至老年期，即生命全程。

3. 发展心理学的问世及研究

①霍林沃思：最先提出追求人的心理发展全貌，即研究人的一生的发展。他在1930年出版了世界上第一部发展心理学著作——《发展心理学概论》。

②古迪纳夫：主张对人的心理研究要注意人的整个一生，甚至还要考虑下一代。他在1935年出版了科学性、系统性更强的《发展心理学》。

③1957年，美国《心理学年鉴》用"发展心理学"代替了"儿童心理学"作为章名。

4. 毕生发展心理学研究

以巴尔特斯等人为代表的一批心理学家提出了毕生发展的思想，认为人的心理和行为的发展是持续终生的，因而应注重对生命全程或毕生发展的研究。

> **本节小结**
>
> 本节从儿童心理学的产生原因、诞生标志和发展状况等方面，阐述了发展心理学的历史。就其产生而言，不乏社会、自然科学、教育等因素的推动。普莱尔《儿童心理》一书的出版，标志着科学儿童心理学的正式诞生。随后，研究者把儿童发展扩展到个体毕生发展。关于个体毕生心理发展的研究报告和著作越来越多，整体发展态势良好。

名词总结

发展心理学	横断设计	同辈效应	纵向设计
跨代效应	聚合交叉设计	双生子设计	微观发生学设计

第二章 心理发展的基本理论

知识导读

自1882年科学儿童心理学诞生以来，研究者对发展的原因和机制提出了大量的理论解释，包括精神分析的心理发展观、行为主义的心理发展观、维果茨基的文化-历史发展观、皮亚杰的认知发展理论、布朗芬·布伦纳的生态系统理论、格塞尔的成熟势力说、以巴尔特斯为代表的毕生发展观、进化发展理论。其中不乏一些争论，主要包括先天或后天、连续性或阶段性、主动性或被动性以及关键期等问题。此外本章介绍了心理发展的影响因素，遗传、生理成熟、环境和教育都在其中起到重要作用。

本章内容属于考试重点。第一节的所有内容均属于高频考点，各种题型均有涉及，甚至会以材料分析的形式出题，要求考生能够运用理论来分析解决实际的问题，因此考生在复习时一定要引起重视。第二节的内容偶尔以选择题的形式考查，关键期的概念还可能考查名词解释。第三节常以论述题或材料题的形式出题，因此考生需要巩固记忆。

知识地图

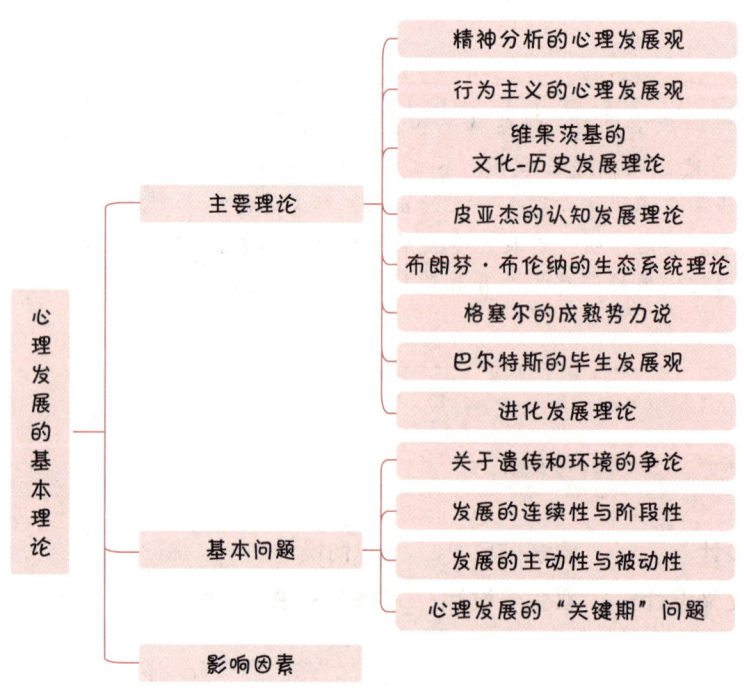

第一节 心理发展的主要理论

知识点 1 精神分析的心理发展观 ★★★

通常，可以把精神分析的心理发展观分为两个时期：弗洛伊德代表的经典精神分析理论与埃里克森等人代表的新精神分析理论。弗洛伊德的心理发展观的主要贡献在于，注重无意识的研究以及早期经验对人格发展的影响。埃里克森则进一步拓展了研究的范围，提出了人格的毕生发展阶段论。

1. 弗洛伊德的心理发展观

弗洛伊德提出了人格的结构论和发展阶段论。其中，人格的结构可分为本我、自我、超我三种。心理发展阶段可根据力比多的发展分为五个阶段。

（1）人格的结构

在弗洛伊德的早期著作中，心理结构分为意识、前意识和潜意识三个部分，其中潜意识主要被解释为压抑的愿望与本能冲动，前意识是平时并未被意识到但随时可以进入意识的观念。在弗洛伊德的后期著作中，他将人格划分为三个部分：本我、自我和超我。个人行为是三种成分相互制约、相互作用的结果。

①本我

本我是最重要、最基本的部分。它是人格中**最原始、最难以接近**的强有力的部分，遵循**快乐原则**，是人格中的生物成分、无意识结构部分。其目的在于最大限度地获得快乐和减少痛苦。本我也可能闯入梦境，弗洛伊德称之为**初级过程思维**。年龄越小，本我的作用越大，婴儿几乎全部处于本我状态。

②自我

自我最为脆弱、最容易受到伤害，遵循**现实原则**，是意识结构部分。自我介于本我和超我之间，一方面使本我适应现实的条件，从而调节、控制或延迟本我欲望的满足，另一方面还要协调本我和超我的关系。自我能支配行动，思考过去的经验，计划未来的行动。弗洛伊德称这种合理的思维方式为**二级过程思维**，即我们一般知觉和认知的思维。

③超我

超我是人格的**最高部分**，遵循**道德原则**，是人格中的社会成分。超我包括良心和自我理想两部分。

TIPS 1

例如，婴儿饿了就会表现出咂嘴、吮吸等寻求食物的本能冲动，如果需要得不到满足就会大声哭闹，直到需要得到满足为止。这就是本我的力量。

TIPS 2

例如，几个月大的婴儿逐渐学会了需要的延迟满足，当看到母亲做出喂奶动作或是正在热奶瓶时就会停止哭泣，安静地等待食物。这就是自我的增强。

TIPS 3

3~6岁的儿童逐渐能够把父母的价值观和标准内化，变成自己的价值观和标准，开始形成超我。

a. 良心：由超我的惩罚性、消极性和批判性的部分组成，它会使人产生内疚感、犯罪感，甚至对自己实施惩罚。由父母的禁令构成（如妈妈说"你不应该……"），以惩罚的方式形成。当儿童的观念和行为与父母所鄙弃的观念和行为相一致时，父母就要给予惩罚，从而使儿童在心灵上受到责备，行为受到阻止。

b. 自我理想：由积极的雄心、理想构成，是抽象的东西，它希望个体为之奋斗。一套引导儿童努力发展的理想标准，以奖励的方式形成。当儿童的观念和行为与父母的道德观念相吻合时，父母就要给予奖励，从而形成儿童的某种自我理想。

三者的关系：这三种人格成分是逐步形成和发展的。本我是起点，生来就有。个体为了与外界现实发生作用，从本我中发展出了自我，充当本我与现实世界之间的调节者。超我是从自我中分化而来的，它使个体把握社会标准，自己评价自己的行为。超我和自我都是人格的控制系统。由于三个部分分别代表着三种不同的力量，所以冲突是不可避免的。在健康、成熟的人格中，一种动态的平衡在起作用。一旦平衡被打破，本我过强或超我过强，就可能出现心理问题。》TIPS ④

（2）心理发展阶段论 》TIPS ⑤

弗洛伊德认为，存在于潜意识中的性本能是心理发展的基本动力，心理的发展就是"性"的发展，或称心理性欲的发展。性本能表现为一种力量，即人们的普遍性精力，这种精力和能量被称作"力比多"。弗洛伊德把力比多的发展分为五个阶段，即口唇期（0~1岁）、肛门期（1~3岁）、性器期（3~6岁）、潜伏期（6~11岁）和青春期（11或13岁开始）。

①口唇期（0~1岁） 》TIPS ⑥

性感带集中于口唇区域，婴儿主要通过吮吸、咀嚼、吞咽等口腔动作获得快感。这一时期可分为两个阶段：

a. 第一阶段（0~6个月），婴儿的世界是"无对象的"，还不能意识到现实存在的人和物的概念，仅仅渴望得到快乐、舒适的感觉；

b. 第二阶段（6~12个月），婴儿开始发展关于他人的概念，这一阶段快乐的满足情况会对以后的人格产生深远影响。

②肛门期（1~3岁）

性感带集中于肛门区域，儿童以排泄为快乐，从玩弄粪便中感到满足。此时父母也开始对儿童进行大小便训练，可能在训练中产生冲突。强烈的冲突可能导致"肛门期人格"，表现为邋遢、浪费、无条理、放肆，或者过分讲究干净、注重小节、固执、小气等。

③性器期（3~6岁） 》TIPS ⑦

性感带集中于生殖器区域，儿童喜欢抚摸生殖器和显露生殖

例如，儿童企图通过抢夺小伙伴的玩具来满足本我的愿望，超我就会发出警告：这样做是不对的，爸爸妈妈会批评。在这两种力量的内部斗争中，自我必须做出哪一种力量获胜的决定，并以此作为行动的导向。

弗洛伊德所指的"性"，除了与生殖活动有关之外，还包括吮吸、大小便、皮肤触摸等能直接或间接引起机体快感的一切活动。力比多集中的某些身体部位就是机体获得快感的重要区域，弗洛伊德称之为"性感带"。在儿童时期，口唇、肛门和生殖器是三个最重要的性感带。

例如，婴儿喜欢吃自己的手指头，不管是什么东西，只要嘴巴够得着都喜欢咬一咬、尝一尝或是吮吸。如果口唇期的满足不适当（太多或太少）就会造成"口腔人格"，即长大后喜欢咬东西、吃手指头、贪吃、有烟瘾、酗酒等。

恋母情结、恋父情结在弗洛伊德的理论体系中具有重要地位。他认为，良心或超我就是在情结的克服之中产生的，与同性父母认同的性别行为也是从这个时期开始的。

器以及产生性欲幻想。这一时期的男孩产生恋母情结（俄狄浦斯情结），女孩产生恋父情结（厄勒克特拉情结），即开始依恋异性父母。但这种情结最终会受到压抑，因为男孩惧怕父亲的惩罚，女孩惧怕母亲的惩罚。

④潜伏期（6~11岁） >> TIPS ⑧

这一时期儿童的力比多潜伏下来，性的发展呈现停滞或退化的现象，是一个相对平静的时期。儿童主要与同性别的伙伴一起游戏，男女之间界限分明。儿童逐渐放弃恋母或恋父情结，男孩以父亲自居，女孩以母亲自居，并依照父亲或母亲的行为行事。这种现象又称"自居作用"（identification）。

⑤青春期（11或13岁开始） >> TIPS ⑨

力比多重新活跃起来，性感带集中于生殖器部位，儿童对异性产生强烈的性冲动。这一时期儿童最重要的任务是摆脱父母的控制，进行自己的独立生活，寻求同龄伙伴之间的友谊，试图建立长期稳定的性关系。

（3）理论评价 >> TIPS ⑩

①强调早期生活经验、家庭和亲子关系的作用，对儿童早期发展和早期教育具有重要的启示作用。

②对开创心理动力学，改变传统心理学中重理念、轻意欲，重视意识、轻视或无视无意识的倾向有重大贡献。

③把性的作用强调到不恰当的程度，致使其在观察中发现的许多重要的心理学事实，在上升到理论时变成了谬误。

④缺乏科学的实验依据，很难重复验证。其中有些重要的理论观点已被一些研究否定。

2. 埃里克森的心理发展观 >> TIPS ⑪

相比于弗洛伊德，埃里克森的人格发展学说更强调文化和社会因素对人格发展的作用。埃里克森认为，个体在发展中逐渐形成的人格，是生物、心理、社会三方面因素构成的统一体。人格的发展过程要经历顺序不变、相互联系的八个阶段，每个阶段都有一个普遍的发展任务。

（1）人格发展的八阶段理论

①婴儿期（0~2岁） >> TIPS ⑫

主要任务是满足生理上的需要，发展信任感，克服不信任感，体验希望的实现。

婴儿出生后就有种种生物性需要，一旦这些需要得到满足，婴儿就会产生对周围的人和环境的信任感；当婴儿必须等待很长时间才能得到舒适感，或者受到苛刻的对待时，就会产生不信任感。这

TIPS ⑧

自居作用使儿童获得性别的同一性，形成强有力的内化良心或超我。

TIPS ⑨

女孩约从11岁开始进入青春期，男孩约从13岁开始进入青春期。

TIPS ⑩

虽然现在只有少数心理学工作者是弗洛伊德理论的追随者，但我们仍然应该看到弗洛伊德的可贵之处。当心理学的研究者只是单方面地关注意识经验时，是他首先站出来，指出我们所研究的只是冰山上的山尖。在禁欲主义盛行的奥地利帝国，也是他不顾世人嘲讽，冲破禁区。不论如何，弗洛伊德曾勇敢地在黑暗中驾船穿过前人从未抵达、航行图上亦无标记的水域，这种探索精神永远值得我们学习。

TIPS ⑪

关于埃里克森提出的八个发展阶段的年龄划分，不同教材中的表述不太一样。例如，在林崇德、周宗奎编写的教材中，第一个阶段是0~2岁，而在桑标、刘金花编写的教材中则是0~1岁。本书参考的是林崇德版本的表述，同学们可直接按目标院校所定参考书中的表述记忆。

TIPS ⑫

在发展心理学中，我们会用"儿童"来统称成年之前的个体，因此在婴幼儿、青少年等章节，有可能看到将其称为"儿童"，这是没有问题的。

种对人和环境的基本信任感是形成健康的个性品质的基础，是以后各阶段发展的基础，更是青少年期形成同一性的基础。

为了使儿童从小就能形成基本的信任感，应使儿童的生活有一定的规律，要让儿童产生期望并使期望得以实现。

②儿童早期（2~4岁） >> TIPS ⑬

主要任务是获得自主感，克服羞怯和疑虑感，体验意志的实现。

这一阶段的儿童已经学会说话和走路，具有探索新世界的能力，不再强烈地依赖成人。在此过程中，儿童发展了独立自主的能力，获得了自主感。

要使儿童获得自主感，就要给儿童一定的自由，并鼓励他们做力所能及的事。如果对儿童限制过多、批评过多、惩罚过多，会使其产生对自身能力的羞怯和疑虑感。另外，对儿童的行为也应有一定的限制，这样才能使儿童学会在一定的规范内独立生活，服从社会秩序。

③学前期（4~7岁） >> TIPS ⑭

主要任务是获得主动感，克服内疚感，体验目的的实现。

这一阶段的儿童可以在言语和行动上更广泛地探索和扩充环境，主动性大大增加。在主动探索的同时，如果父母过多地要求儿童做出自我控制，或是儿童与别人的主动性发生冲突，就会产生内疚感。本阶段也称为游戏期，游戏执行着自我的功能，在解决各种矛盾中体现自我治疗和自我教育的作用。

如果成人能够鼓励和肯定儿童的活动，将有利于主动感的发展。

④学龄期（7~12岁） >> TIPS ⑮

主要任务是获得勤奋感，克服自卑感，体验能力的实现。

处于学龄期的儿童为了完成学习任务必须勤奋努力，但又对失败感到担心害怕，从而形成了勤奋与自卑的矛盾危机。

埃里克森十分强调教师在培养儿童勤奋感方面的作用。如果一个自卑的学生遇到一位敏感的、教导有方的教师，成绩就可能有所提高，从而使他重新获得勤奋感。

⑤青年期（12~18岁） >> TIPS ⑯

主要任务是建立同一性，防止同一性混乱，体验忠实的实现。

如果个体在进入青春期之前，有较强的信任感、自主感、主动感和勤奋感，就容易实现自我同一性。青年期是自我同一性形成的关键时期，青少年获得积极的自我同一性，就会形成忠诚的品质。

顺利建立自我同一性的关键是鼓励并支持青少年亲自去做一些试验，使其通过亲身的体验，摒弃那些看来不合适的东西，发现适合于他的生活方式。

例如，当儿童尿床或尿湿裤子时，如果批评过激，甚至羞辱、笑话儿童，就会让他们对自己的能力产生怀疑，产生羞怯感。

例如，父母做饭时，儿童递过一把勺子，得到了父母的夸奖，他便认为自己发挥了重要的作用，尽管这一举动可能起到的是相反效果。另外，要注意区分儿童早期的自主感和学前期的主动感：自主感强调儿童自己做自己的事；主动感强调儿童积极地探索，主动地承担责任。

例如，小学生经常需要考试、评比。如果被评为差生，他们很容易失去最初对成功的期望，形成消极的自我概念，转向其他活动，甚至有可能做出反社会行为。

为了使青少年尽快发现自我，埃里克森建议社会应该给青少年提供明确的"成人仪式"，如象征性的成人典礼等。这或许也是gap year存在的意义。总之，形成自我同一性是个终身的任务，在青年期建立后依然可能遭到威胁。

⑥成年早期（18~25岁）

主要任务是获得**亲密感**，避免**孤独感**，体验**爱情**的实现。

这一阶段的主要特征是恋爱与婚姻。由于寻找配偶包含着偶然因素，所以个体也有害怕独自生活的孤独感。埃里克森认为，能否获得亲密感，对个体是否能满意地进入社会有重要作用。

⑦成年中期（25~50岁）

主要任务是获得**繁殖感**，避免**停滞感**，体验**关怀**的实现。

这里的"繁殖"不仅指繁衍后代，还包括从事生产和创造。如果这一时期的成人能够胜任所担当的社会职务，工作富有成效，在家庭中也能尽心尽责地养育后代，照顾老人，就会产生繁殖感；反之，如果他们不能实现家庭期望，履行社会职责，就会产生一种一事无成、无所作为的停滞感。

⑧老年期（50岁至死亡）　　　　　　　　　　　　» TIPS ⑰

主要任务是获得**完善感，避免失望、厌倦感**，体验**智慧**的实现。

这时人生进入了最后阶段，如果个体对自己的一生比较满意，则会产生一种完善感；如果一个人没有这种感觉，就不免恐惧死亡，觉得人生短促，对人生感到厌倦和失望。

（2）理论评价　　　　　　　　　　　　　　　　» TIPS ⑱

①**重视教育的作用**。埃里克森提出了不同阶段解决矛盾、完成任务的具体教育方法。教育中既强调了父母的作用，也十分重视同伴、教师和社会的作用。

②**整体性研究的观点值得借鉴**。埃里克森从情绪、道德和人与人关系的整体发展过程来研究人格的发展，而不是单从某个心理过程的发展来研究儿童。

③**理论中包含辩证法的思想**。例如，在提出每一阶段任务的同时，埃里克森把解决任务看作两极分化的斗争过程，通过斗争解决矛盾，依次向下一阶段发展。

④**二维发展观提供了新启示**。人格发展的每一阶段并不是发展与不发展的问题，而是发展的方向问题，每一阶段发展的好坏，虽然会影响下一阶段发展的内容，但不能影响下一阶段的出现。

⑤**仍有本能论的色彩**。虽然埃里克森对弗洛伊德的理论做了重大修改，但从总体上看仍未彻底摆脱本能论。

⑥**没有很好地得到实验验证**。埃里克森所提供的内容只是一种发展的"一般性的框架结构"，用来描述和解释人们一生中所发生的一些主要的变化。

（3）比较弗洛伊德和埃里克森的理论

埃里克森的理论是对弗洛伊德理论的继承、扩展与修正。两者

埃里克森将毫无恐惧地面对死亡的能力称为"智慧"。人活一世，都会犯错误。如果没有那些过错，那就不是你自己了。这种心理或精神上的宽容，是面对生活和死亡最简单的法宝。

埃里克森提出的八个阶段告诉我们：人生危机重重，需要我们不断去努力克服。所谓"人生不如意事十之八九"，我们都要勇于面对，并努力度过这些危机。

的区别主要在于：

①弗洛伊德特别强调本能（本我）的作用，尤其是性本能；而埃里克森更强调自我的作用，以及文化的影响力。

②弗洛伊德在研究人格发展时，仅把儿童置于母亲－儿童－父亲这个狭隘的三角关系中；而埃里克森把儿童置于更广阔的社会背景中，重视社会对发展的影响。

③弗洛伊德对人格发展只研究到青春期为止，包含五个时期；而埃里克森把发展的阶段扩展到八个阶段，贯穿人的一生。

④弗洛伊德认为人性本恶；而埃里克森认为人的本性既不是善的，也不是恶的，儿童出生后，存在向善或恶的方向发展的可能性。

埃里克森和弗洛伊德提出的发展阶段的对应情况如表 2-1 所示。

表 2-1 埃里克森和弗洛伊德提出的发展阶段的对应情况

年龄阶段	埃里克森提出的八个阶段	主要特征	弗洛伊德提出的五个阶段（大致阶段）
0~2 岁	婴儿期	信任感 vs. 不信任感	口唇期
2~4 岁	儿童早期	自主感 vs. 羞怯、疑虑感	肛门期
4~7 岁	学前期	主动感 vs. 内疚感	性器期
7~12 岁	学龄期	勤奋感 vs. 自卑感	潜伏期
12~18 岁	青年期	建立同一性 vs. 同一性混乱	青春期
18~25 岁	成年早期	亲密感 vs. 孤独感	
25~50 岁	成年中期	繁殖感 vs. 停滞感	
50 岁至死亡	老年期	完善感 vs. 失望、厌倦感	

知识点 2 行为主义的心理发展观 ★★★

行为主义的理论注重行为的学习和改变，因此也被称为学习理论。代表人物主要有华生（经典行为主义）、斯金纳和班杜拉（新行为主义）。

1. 华生的发展心理学理论

华生认为，心理的本质是行为，心理的发展就是刺激与反应建立联结的过程。

（1）环境决定论 + 教育万能论　　》TIPS ⑲

华生主张环境决定论，认为环境对心理发展起主导作用，完全否认遗传的作用。在此基础上，他还提出了教育万能论，认为无论多么复杂的行为，都可以通过控制外部刺激而形成和改变。

（2）对儿童情绪发展的研究　　》TIPS ⑳

华生对心理发展的研究主要集中在情绪发展的课题上。他认为，初生婴儿只有三种非习得的情绪反应：怕、怒、爱。他重点研究儿童在三种非习得的情绪反应基础上形成的条件反射。同时，他也重

  TIPS ⑲

华生曾说过，他能把十几个健康的婴儿训练成他所选择的任何一种人，不论其背景和血统如何。这句话就体现了环境决定论和教育万能论的思想。

 TIPS ⑳

华生曾通过条件反射的实验让一名 11 个月大的婴儿小阿尔伯特学会害怕白毛物体，由此得出结论：任何行为（包括情绪），不论是积极的还是消极的，都可以通过条件反射习得。这就是著名的"小阿尔伯特"实验。

视研究儿童嫉妒、羞耻的情绪行为。

（3）理论评价

①教育万能论在当时有其积极作用，在某种意义上批判了种族歧视和种族优越论。

②过分强调环境和教育的作用，否定了儿童的主观能动性。

2. 斯金纳的发展心理学理论

（1）理论观点　　>> TIPS ㉑

斯金纳操作性条件反射理论强调塑造、强化、消退、及时强化等原则。其观点主要包括：

①**强化作用是塑造行为的基础**，在行为发展过程中起着重要的作用。

②没有强化，行为就会消退，所以强化要及时。

③强化有正强化（施加喜欢的刺激）和负强化（撤除厌恶的刺激）两种形式，通过强化，个体行为发生的频率会上升。

④与强化相对的是惩罚，包括正惩罚（施加厌恶的刺激）和负惩罚（撤除喜欢的刺激）两种形式，通过惩罚，个体行为发生的频率会下降。

⑤强化和惩罚都可以用来形成和改变儿童的行为，但斯金纳更注重强化的作用。

（2）理论评价

①运用强化原理设计的育婴箱、行为矫正程序和程序化教学，对促进儿童心理发展的教育实践产生了积极深远的影响。

②把人和动物等同起来，观点仍然具有明显的机械主义色彩。

3. 班杜拉的发展心理学理论

班杜拉是社会学习理论的代表人物，强调观察学习的重要性。

（1）观察学习及其过程　　>> TIPS ㉒

班杜拉认为，人的行为与人格是在观察学习过程中形成的。观察学习是指通过观察他人（榜样）所表现的行为及其结果而进行学习，包括注意、保持、运动复现和动机四个过程。

①注意过程：要模仿一个榜样，首先要注意这个榜样的行为。学习者置身于大量示范的影响之下，从中深入观察什么、知觉什么、汲取什么，都是由注意过程决定的。

②保持过程：指学习者获得榜样示范行为的意象后，采用符号的形式，以记忆贮存这些意象的过程。这种符号的形式包括视觉表象和言语编码。

③运动复现过程：指学习者在视觉表象和言语编码的作用下再现榜样示范行为的过程，即获得学习的操作过程。

TIPS ㉑

本书的《教育心理学》部分也介绍了斯金纳的理论观点，包括正、负强化和惩罚等概念，可结合起来学习。

TIPS ㉒

观察学习的四个过程，简单地说，就是要先注意榜样的行为，然后将其记在脑子里，经过练习，最后在适当的动机出现时表现出来。

④**动机**过程：指诱发学习者**将获得的新行为表现出来**的过程。是否将获得的新行为表现出来，这主要取决于**强化引起的动机作用**。如果活动的结果令人满意，受到奖励，行为就可能表现出来；如果活动的结果不令人满意，受到惩罚，行为就不会表现出来。

（2）直接强化、替代强化和自我强化　　》TIPS ㉓

班杜拉认为，学习者在观察学习的过程中，如果没有强化也可以获得新行为，但是否能将获得的新行为表现出来，则取决于强化的作用。他将强化分为直接强化、替代强化和自我强化三种。

①**直接强化**：通过外界因素对学习者的行为**直接进行干预**。

②**替代强化**：学习者**看到他人**成功和被赞扬的行为，就会增强产生同样行为的倾向；如果看到他人失败或受罚的行为，就会削弱或抑制产生这种行为的倾向。

③**自我强化**：学习者**自行设置行为标准**，以自己能支配的报酬来增强、维持自己的行为的过程。

（3）交互决定论/交互作用模型　　》TIPS ㉔

班杜拉提出**人、行为、环境的交互决定论**，认为三者之间是相互影响、相互作用的，发展是由三种因素的交互作用所决定的。环境可以影响个体的人格和行为，个体的人格和行为又会反作用于环境，人格、生理特征与个体行为之间也是双向作用的。

人、行为与环境的交互关系可通过图 2-1 进行表示。

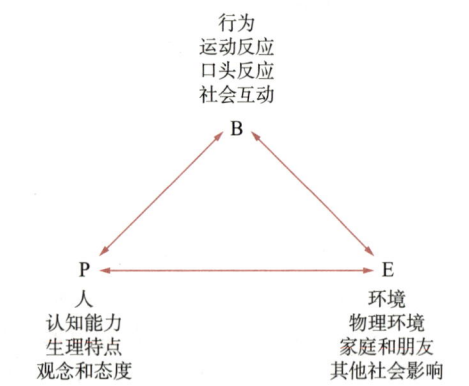

图注：P 代表个人因素，B 代表行为因素，E 代表环境因素。

图 2-1　人、行为与环境的交互关系

（4）理论评价

①重视榜样的作用，对培养儿童的良好人格具有重要意义。

②突破了传统的行为主义理论框架，从认知和行为联合起作用的角度解释学习行为。

③以人为被试，以大量的实验研究为依据，改变了行为主义以动物为被试，将动物研究结果类比到人身上的错误倾向。

---

①直接强化：如小朋友做一件好事，老师就给他戴一朵小红花，激励小朋友做好事的动机。

②替代强化：如小朋友看到邻居家哥哥（榜样）与别人吵架，受到周围人的斥责，那么这个小朋友就可能不会表现出这种吵架的行为；反过来，若邻居家哥哥跟人吵架，还受到赞赏，小朋友就很可能去学习并表现出吵架行为。

例如，一个孩子帮助了他的朋友（行为），受到了家长的表扬（环境），这个孩子由此认为助人行为是可以受到表扬的、好的行为（个体的观念）；在这种观念的影响下，以后他会更多地表现出助人行为，家人和朋友也会更加赞赏这种观念、态度和行为。

④用观察学习解释一切学习行为，过于片面。虽然观察学习在行为与人格的形成中起重要作用，但绝不能解释一切学习行为。

⑤强调认知因素的作用，但并没有对认知因素做充分的探讨，缺乏必要的实验依据。

⑥缺乏内在统一的理论框架。理论的各个部分较分散，如何将彼此关联起来，构成一个有内在逻辑的体系，是一个亟待解决的问题。

（5）班杜拉与华生、斯金纳的发展心理学理论的主要区别

①班杜拉只研究人的行为，不研究动物的行为。

②班杜拉在解释人的行为时不仅重视其外显行为，而且重视其内在认知因素。

③除研究个体行为之外，班杜拉更注重研究个体在团体情境中的社会行为，这更符合人类行为的本质属性，也是他和行为主义者在思想上最大的不同之处。

知识点 3 维果茨基的文化-历史发展理论 ★★★

维果茨基的心理发展观主要包含四个方面的内容：文化-历史发展理论、心理发展的实质、教学与发展的关系、内化学说。

1. 基本概念

（1）两种心理机能

维果茨基将人的心理机能分为两种形式：

①**初级心理机能**：出生时就已经出现，如感觉和注意，为个体的生物成熟所制约。

②**高级心理机能**：基于个体经验逐步发展而来，如思维，为社会文化-历史所制约。

（2）两种工具

①物质生产的工具：如刀斧、计算机等。

②精神生产的工具：如语言、符号等。

物质生产的工具使人脱离了动物世界，精神生产的工具使人的心理机能发生了质的变化。

2. 文化-历史发展理论

①文化-历史发展理论解释了人类本质上与动物不同的高级心理机能。

②高级心理机能具有间接性，间接反映的中介结构就是**工具**。人类在适应自然和改造自然的过程中，首先创造了物质性的生产工具。人的生产工具中凝结着人类的间接经验，即**社会文化知识经验**，这就使人类的**心理发展规律**不再为生物进化规律所制约，而**为社会历史发展的规律所制约**。

TIPS 25

初级心理机能是生物进化的结果，而高级心理机能是历史文化发展的结果。例如，在一种历史文化中，儿童知道如何借助手机或计算机进行计算；而在另一种历史文化中，儿童只能用自己的手指或算盘进行计算。社会历史发展的程度不同，人的心理发展程度也就不同。

③这种间接的"物质生产的工具",导致在人类心理上出现了"精神生产的工具",即人类社会所特有的语言和符号。生产工具和语言符号的类似性就在于它们使间接的心理活动得以产生和发展。

④生产工具指向外部环境,引起客体的变化,而符号指向内部,影响人的行为。　　　　　　　　　　　　　　» TIPS ㉖

3. 心理发展的实质、标志和原因

（1）心理发展的实质

维果茨基认为,心理发展是一个人的心理在环境与教育的影响下,在初级心理机能的基础上,逐渐向高级心理机能转化的过程。

（2）心理发展的标志

①心理活动的随意机能的形成和发展。　　　　　　» TIPS ㉗

②心理活动的抽象概括机能的形成和发展。各种机能由于思维（主要是指抽象逻辑思维）的参与而高级化。　　　　» TIPS ㉘

③各种心理机能之间的关系不断地变化、组合,形成间接的、以符号或词为中介的心理结构。　　　　　　　　» TIPS ㉙

④心理活动的个性化。个体的心理活动越来越带有个性的色彩,人和人之间的个体差异日益得到显现。

（3）心理发展的原因

①起源于社会文化历史的发展,是为社会规律所制约的,因此在不同的时代和文化环境下,个体的认知发展特点有所不同。

②从个体发展来看,儿童在与成人交往的过程中通过掌握高级心理机能的工具（如语言、符号等中介）,逐渐发展出各种高级心理机能。

③高级心理机能是外在社会文化内容不断内化的结果。

4. 教学与发展的关系

在教学与发展的关系上,维果茨基提出了三个重要的问题:最近发展区,教学应当走在发展的前面,学习的最佳期限。

（1）最近发展区　　　　　　　　　　　　　　» TIPS ㉚

维果茨基认为,至少要确定两种发展的水平:

①现有（或实际）发展水平,即儿童独立活动时所达到的解决问题的水平。

②在有指导的情况下儿童通过别人的帮助达到的解决问题的水平,即通过教学所获得的潜力。

在这两种水平之间存在的差异,就是"最近发展区",如图2-2所示。

TIPS ㉖

例如,用铁锹铲土就会在地上留下一个坑,体现的是物质生产的工具对外部环境的影响;学会加减乘除就可以做出基本的买卖行为,体现的是精神生产的工具（符号）对行为的影响。

TIPS ㉗

随着儿童对言语的不断掌握,他们的心理活动越来越自觉、主动,带有明确的目的性,并且他们能有意地调节自己的行为,克服困难以达成预定的目标。

TIPS ㉘

抽象概括机能的形成和发展必须以符号系统为中介。例如,儿童发现麻雀有翅膀、乌鸦有翅膀、鹦鹉也有翅膀,于是概括出"它们都有翅膀"这一共同属性。

TIPS ㉙

例如,3岁以前的儿童以感知觉、直觉动作思维为主,学前儿童以表象记忆为主。

TIPS ㉚

注意:最近发展区是一个区间,并不是一个点。例如,儿童要完成一个复杂的拼图游戏任务,尝试了很多次都没有成功（现有发展水平）。这时,孩子的母亲教给儿童思考和完成这个拼图游戏任务的策略,这个儿童经过两次尝试之后,完成了这个拼图游戏任务（通过教学可达到的发展水平）。

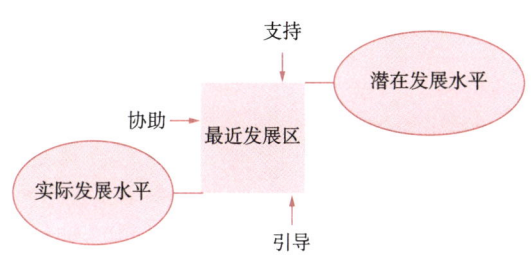

图 2-2 最近发展区的示意图

（2）教学应当走在发展的前面

维果茨基提出**教学应当走在发展的前面**。这包含两层含义：

①**教学在发展中起主导作用**。它决定着智力的发展，决定着智力发展的内容、水平、速度及智力活动的特点。

②**教学创造着最近发展区**。第一个发展水平和第二个发展水平之间的动力状态是由教学决定的。

（3）学习的最佳期限

教学如果脱离了学习某一技能的最佳年龄，从发展的观点来看是不利的，这会造成儿童智力发展的障碍。因此，开始某一种教学，必须以成熟与发育为前提，但更重要的是，**教学必须首先建立在正在逐渐形成的心理机能的基础上，走在心理机能形成的前面**。

5. 内化学说

维果茨基指出，新的高级的社会历史的心理活动形式，**首先是作为外部的活动形式进行的，以后才转化为内部的心理活动**，"默默地"在"头脑中进行"，这就是维果茨基的内化学说。

内化学说的基础是**工具理论**。只有掌握**语言**这个工具，才能把"直接的、不随意的、低级的、自然的"心理活动转化为"间接的、随意的、高级的、社会历史的"心理活动。

6. 理论评价

①文化－历史发展理论解释了人类心理发展的高级心理机能，符合人类社会发展的社会化本质，为我们理解儿童的认知发展提供了新的视角。

②最近发展区的概念扩展了我们对早期认知发展的理解，对教育活动有着重要的指导作用。

③理论广泛地应用于教育实践领域，成为世界许多国家中小学教育改革的主要依据之一。

④文化－历史发展理论指出人类的心理发展规律不再受生物进化规律的制约。这种观点缺乏实际证据的支持。

知识点 4　皮亚杰的认知发展理论 ★★★

"**发生认识论**"是皮亚杰的理论核心，主要是研究人类的认识

（认知、智力、思维、心理的发生和结构）。

1. 发展的本质和原因

皮亚杰认为，心理、智力、思维起源于主体的动作。这种动作的本质是主体对客体的适应。主体通过动作达到对客体的适应，乃是心理发展的真正原因。适应的本质是机体与环境的平衡。

2. 制约发展的因素与发展的结构

皮亚杰认为制约发展的因素主要有成熟、物理因素、社会环境和平衡四种。发展的结构涉及图式、同化、顺应和平衡，其中图式是最基本且最核心的概念。

（1）制约发展的因素

①成熟：身体的成长，特别是大脑神经系统和内分泌系统的成熟。

②物理因素：练习与习得经验是认知发展的必要条件。它包括物理经验和数理逻辑经验。 >> TIPS ㉛

③社会环境：包括社会生活、文化教育和语言在内的各种因素，指社会相互作用和社会信息相互交换的过程。

④平衡：心理发展的决定因素。平衡化具有自我调节的作用，通过调节同化和顺应的关系，使个体的认知不断发展。

（2）发展的结构 >> TIPS ㉜

①图式：动作的结构或组织，这些动作在相同或类似的环境中通过不断重复得到迁移或概括。图式最初来自先天遗传，在适应环境的过程中，图式不断地丰富起来。也就是说，低级的动作图式经过同化、顺应、平衡而逐步构成新的图式。

②同化（量变）：把环境因素纳入已有的图式之中，以加强和丰富主体动作；只引起数量上的变化，不能引起图式的改变或创新。

③顺应（质变）：改变已有图式，以适应客观变化；引起质量上的变化，促进原有图式的调整与创新。

④平衡：同化和顺应导致的适应，使机体暂时达到平衡。

个体就通过同化和顺应这两种形式来达到机体和环境的平衡，而不断地平衡—不平衡—平衡的过程，就是适应的过程，也是心理发展的实质和原因。

3. 认知发展的阶段 >> TIPS ㉝

皮亚杰将认知发展过程分为四个阶段：感知运动阶段、前运算阶段、具体运算阶段和形式运算阶段。

（1）感知运动阶段（0~2岁） >> TIPS ㉞

感知运动阶段的儿童主要通过感知觉和动作活动，在接触外界事物的基础上，形成感知运动图式。在本阶段末期，儿童形成客体

TIPS ㉛

①物理经验：例如，儿童打球，知道球会跳起来；儿童触摸冰块，知道冰是冷的。

②数理逻辑经验：例如，儿童会发现，将10块鹅卵石排成各种形状，其数量是不变的。

TIPS ㉜

①图式：婴儿期形成的一些最早的图式只是一些简单的动作习惯，如触碰、抓握等，可称为"行为图式"。到婴儿期快结束的时候，儿童能进行心理表征，形成像视觉表象这样的"符号图式"。进入小学不久，就变成"运算图式"，比如加减法等。

②同化、顺应和平衡：例如，某个班级有30名学生，互相之间关系融洽，维持着一种平衡状态。这时，老师告诉他们将有新同学转学过来（同化），打破了原来平衡的同学关系。后来他们逐渐适应了新同学的到来（顺应），班级又达到了新的平衡状态。

TIPS ㉝

关于皮亚杰认知发展阶段的年龄划分，不同教材的说法不同，如在林崇德编写的《发展心理学》中，具体运算阶段为7~12岁，在周宗奎编写的《儿童青少年发展心理学》中则为7~11岁。建议同学们按照目标院校所定参考书中的表述进行记忆。本书参考林崇德版本的表述。

TIPS ㉞

和1岁的小朋友做游戏时，把玩具藏到沙发的后面，他看不见了，但知道玩具依然存在，并会到沙发后面去寻找。能找回隐藏的物体即体现了客体永久性。

永久性，即当客体从视野中消失或感官感觉不到它的存在时，儿童仍然能意识到物体是存在的。

（2）前运算阶段（2~7岁） >> TIPS ㉟

由于符号功能与象征功能的出现，思维得以从具体动作中摆脱出来，因此，表象思维与直观动作思维成为前运算思维的主导。他们具有泛灵论的特点，无法区分有生命和无生命的事物，常把人的意识赋予到无生命的事物上；具有以自我为中心的特点，只能从自己的角度考虑问题，缺乏观点采择的能力；思维具有不可逆性，并且缺乏守恒概念。

①泛灵论：认为外界的一切事物都是有生命的。 >> TIPS ㊱

②自我中心：皮亚杰通过"三山实验"（详见第五章）验证了前运算阶段的儿童具有自我中心性。以自我为中心的儿童认为别人眼中的世界和他所看到的一样，以为世界是为他而存在的，一切都围绕着他转。

③不可逆性：思维只能朝一个方向进行，不能够在头脑中使物体恢复原状。突出表现为缺乏守恒概念。

（3）具体运算阶段（7~12岁） >> TIPS ㊲

具体运算阶段的儿童思维已经具有守恒性和可逆性，守恒指的是某一物体或情境尽管表面上发生了变化，但物体的固有属性仍保持不变的事实。但其心理运算依赖于具体事物或形象，表现为具体运算思维。

（4）形式运算阶段（12~15岁） >> TIPS ㊳

形式运算阶段的儿童思维发展到抽象逻辑推理水平，能摆脱具体事物或形象的限制，运用符号进行命题演算，能根据假设进行逻辑推理，思维水平已经开始接近成人。

4. 理论评价

①积累了儿童心理发展的大量材料，按思维发展划分儿童心理发展阶段，反映了儿童心理发展的规律。

②关于图式和外部影响相互作用的思想，包含内因和外因、主体和客观现实相互作用的辩证法思想。

③低估了婴幼儿的认知能力。许多研究表明，婴幼儿甚至能完成某些具体运算阶段的任务。

④不重视教育和文化因素对认知发展的作用。实际上，通过教学或训练，儿童的认知能力可以得到明显的提高。

⑤皮亚杰认为形式运算是思维发展的最高阶段，青少年之后思维不会发生大的变化。而一些研究发现，成年人的思维与青少年的思维有很大的区别，变得更为辩证，可以称为"后形式运算思维"。

表象思维：例如，当你给小朋友一块饼干，但他嫌少的时候，只要将饼干掰成两半，这个问题就解决了。

①泛灵论：例如，小朋友会在自己吃饭的时候，也喂洋娃娃吃饭，认为洋娃娃不吃饭就会和自己一样饿。

②自我中心：例如，孩子给妈妈送礼物，会送自己喜欢的洋娃娃玩具，认为自己喜欢的就是妈妈喜欢的。

③不可逆性：例如，告诉小朋友，小红是他的姐姐，他能够明白，但如果问他："你是小红的弟弟，你怎么称呼小红？"他就答不出。

①守恒：例如，将大小相同的橡皮泥捏成圆饼状、柱状、球状等，儿童可以辨别出它们的大小是相等的。

②具体运算思维：例如，儿童计算"3+3"需要通过数手指得出答案，这表明他的思维过程需要借助具体事物。

抽象逻辑思维：例如，只是听说张老师的头发比李老师的头发长，李老师的头发比王老师的头发长，儿童就可以推理出哪个老师的头发最长。

5. 比较皮亚杰和维果茨基的理论

①皮亚杰、维果茨基的观点的共同之处在于，二者都是以儿童为中心的心理学思想，都把动作或活动看作儿童发展的出发点，都看到了儿童的行为变化与思维之间的关系，而且，都试图寻求对儿童认知发展的系统解释。

②不同的是，皮亚杰侧重从儿童个人的角度对认知发展进行研究，而维果茨基则强调社会文化对儿童发展的影响。

皮亚杰和维果茨基的发展观对比如表2-2所示。

表2-2 皮亚杰和维果茨基的发展观对比

对比内容	皮亚杰的发展观	维果茨基的发展观
划分阶段	四阶段，心理发展是连续的，但不同时期有质的变化	心理发展是连续的，没有绝对的阶段
影响源	强调先天和后天因素	强调后天因素（社会文化历史）
教育启示	教学要适应学生的认知发展水平	教学要走在发展的前面
思维和语言的关系	思维发展决定语言发展	语言发展决定思维发展

知识点 5 布朗芬·布伦纳的生态系统理论 ★★★ >> TIPS ㊴

1. 基本观点 >> TIPS ㊵

布朗芬·布伦纳提出的生态系统理论认为，人们生活的环境是一种嵌套式的系统，具有层次性、动态性、整体性。各个环境系统间层层嵌套，相互影响，个体在与系统的相互作用中发展各种心理特征。生态系统由内到外可分为五个层次：

①微系统：最里层，是个体直接参与其中的环境。可能是家庭、学校、托儿所、幼儿园，也可能是个体直接活动于其中的其他场所（如社区的活动场所）和同伴团体。这个层次中所有的关系都是双向的。

②中间系统：指家庭、学校、同伴团体等微系统之间的相互联系。如果微系统之间相互支持，发展就能实现最优化。

③外层系统：儿童未直接参与但对他们的发展产生影响的社会环境，如父母的工作环境、邻里社区、儿童的医疗保险、亲戚朋友等。

④宏观系统：最外层，包括宏观的社会文化、价值观、风俗、法律等方面。它们会影响儿童生活的外层系统、中间系统和微系统，对儿童心理发展产生间接影响。

⑤时间系统：用于解释成长的时间维度，即生活事件发生后的社会历史条件和时间，包括家庭构成、居住地或父母职业的变化，以及重大事件的发生状况，比如战争、移民潮等。

部分教材只介绍了生态系统理论的前四个层次，即没有时间系统，建议按照五层次的版本进行记忆。

①微系统：例如，婴儿出生对父母的生活质量的影响，雇主的态度对员工工作效率的影响。

②中间系统：例如，家长与学校之间的协作、父母对儿童在学校的学习成绩的重视程度，都在很大程度上影响着儿童的学习能力的发展和学习成绩。

③外层系统：例如，父母所在单位的经济效益会影响父母的收入，进而影响父母对儿童的教育投资等。

④宏观系统：例如，不同的文化背景、价值观影响着父母和教师的教育方式，而这又会影响儿童的行为和价值观。

⑤时间系统：例如，2001年美国的恐怖袭击事件，或是发展中国家中几世同堂的大家庭的减少等。

2. 理论评价

①有助于我们理解社会环境对个体心理与行为的制约作用。

②将环境看作一个不断变化发展的动态过程，强调发展来自人与环境的相互作用，突破了以往研究对环境理解的局限性，拓宽了心理发展的研究范围。

③并未深刻地揭示生物学因素的作用。

④不能全面地说明人类的发展，无法取代其他的理论。

知识点 6 格塞尔的成熟势力说 ★

1. 基本观点

» TIPS ㊶

格塞尔认为，个体的生理和心理发展取决于个体的成熟程度，而个体的成熟取决于基因规定的顺序。支配儿童心理发展的因素有两个：成熟和学习。**成熟**是一个内部因素，决定着心理发展的方向和模式；**学习**是一个外部因素，对个体的发展不起决定作用。格塞尔的成熟势力说的主要观点包括：

①发展是遗传因素的主要产物。

②在儿童成长过程中，较好的年头与较差的年头（即发展质量较高与较低）有序地交替。

③在儿童的身体类型和个性之间有明显的相关性。

2. 经典研究——双生子爬梯实验

» TIPS ㊷

格塞尔的观点源自他的双生子爬梯研究。被试是一对同卵双生子，图2-3用1和2代称。实验中，先让双生子1每天进行10分钟的爬梯训练，而双生子2不进行爬梯训练。6周后，双生子1爬5级梯只需26秒，而双生子2却需45秒。然后从第7周开始，对双生子2连续进行2周爬梯训练，结果双生子2反而超过了双生子1，只要10秒就爬上了5级梯。55周时，双生子1和2爬5级梯所需的时间没有差别。

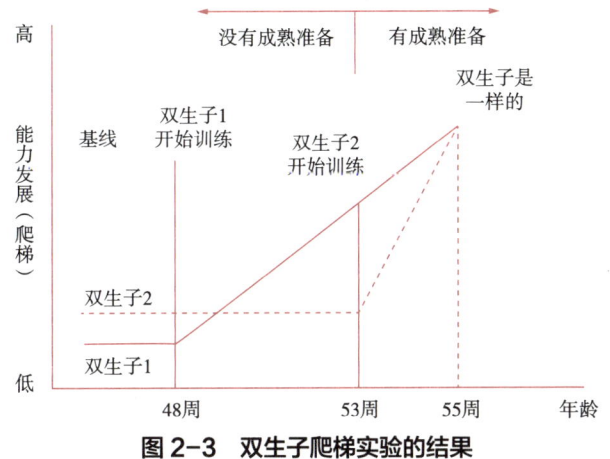

图 2-3 双生子爬梯实验的结果

> **TIPS ㊶**
> 格塞尔的成熟势力说在桑标编写的《儿童发展心理学》一书中有较详细的介绍，而在其他教材中较少提及。在考试中也有所涉及，需要适当了解。

> **TIPS ㊷**
> 格塞尔的理论也说明了，揠苗助长不但无法达到望子成龙的心愿，反而会降低孩子对学习的兴趣，从而影响孩子的正常发展。

据此格塞尔断定，**儿童的学习取决于生理上的成熟，成熟之前的学习与训练很难有显著的效果**。儿童在成熟之前，处于学习的准备状态，只要准备好了，学习就会发生。

3. 理论评价

①通过长期的、大量的观察和归纳，以科学的方式为我们展示了成熟机制的作用。

②过于注重基因规定的顺序，对外在环境与教育的作用关注不足。

知识点 7 | 巴尔特斯的毕生发展观 ★★

以**巴尔特斯**为代表的心理学家提出了毕生发展观。其核心假设是：个体心理和行为的发展并没有到成年期就结束，而是**扩展到整个生命过程**，它是动态、多维度、多功能和非线性的。心理结构与功能在一生中都有获得、保持、转换和衰退的过程。

1. 基本观点

①**个体发展是贯穿一生的**。人的一生都在不断地发展，其中的任何一个时期都可能存在发展的起点和终点。

②**个体的发展是多方面、多层次的**。心理和行为发展的各个方面，甚至同一方面的不同成分和特征，其发展的进度与速率是不同的。

③**心理发展是由多种因素共同决定的**。年龄阶段、历史阶段、非规范性事件这三类影响系统决定个体的发展。

　a. 年龄阶段的影响：指生物性上的成熟和与年龄有关的社会文化事件，如受教育的年龄、更年期等。

　b. 历史阶段的影响：指与历史时期有关的生物和环境因素，如战争、经济状况等。

　c. 非规范性事件的影响：指对某些特定个体发生作用的生物与环境因素，包括疾病、离异、职业变化等。

④**生物与文化共同进化的结构构成了毕生发展观的总体框架**。这一总体框架包括三个基本原理：进化选择的优势随年龄增长而衰退；对于文化的需求随年龄增长而增长；文化效能随年龄增长而下降。

>> TIPS ㊸

⑤**发展是带有补偿的选择性最优化的结果**。选择是指个体对发展的方向性、目标和结果的趋避或回避。最优化是指获取、优化和维持有助于获得理想结果。补偿则是由资源丧失引起的一种功能反应。

>> TIPS ㊹

2. 理论评价

毕生发展观以一种更为全面的视角来审视发展。借助于这种观点，我们可以更全面、更深刻地理解人的发展过程，以及不同年龄阶段在生命历程中的意义与价值。

TIPS ㊸

①进化选择的优势随年龄增长而衰退：例如，衰老会使听力减退。

②对于文化的需求随年龄增长而增长：例如，老年人比年轻人更需要借助助听器提升听力。

③文化效能随年龄增长而下降：例如，助听器再好用，也比不上自己年轻时的听力。

这三个原理结合生活实际也很好理解：因为人老了之后，很多生理功能都处于退化的状态，这时我们再怎么用文化资源去弥补，也不太可能使之完全恢复到年轻时候的状态，就好比假牙总不如真牙好用。

TIPS ㊹

带有补偿的选择性最优化模型简称为SOC模型。选择、最优化、补偿三者之间的协调存在于个体发展的任何过程之中。例如，年迈的音乐家可能会减少他们表演的曲子的数目（选择），但是会增加表演的次数（最优化），而且会把音调调低（补偿）。

知识点 8 进化发展理论 ★

1. 进化发展理论的基本内容

①进化心理学把达尔文的自然选择和适者生存原理用于解释个体的行为。它认为人们会在无意识中努力谋求生存，并努力使自己的基因得以传递。

>> TIPS ㊺

②进化发展心理学旨在确定在不同的年龄段具有适应性的行为，其探索的问题包括：

a. 新生儿对类似面部刺激的偏好在其生存过程中起到了怎样的作用？

b. 年龄大一些的婴儿对照料者和陌生人的区分能力是否与这种偏好有关？

c. 为什么儿童喜欢与同性同伴一起玩游戏？

d. 他们从这种游戏中学到的什么东西，可能使得他们形成成年人的性别类型化的行为？

③进化发展心理学家不仅关注发展的生物学基础，他们还认识到，人类之所以拥有更精细的大脑和延长的儿童期是因为需要适应越来越复杂的生活环境和技术环境，因此，他们会对学习感兴趣。

>> TIPS ㊻

④行为的进化选择在人的前半生中作用最强，可以确保个体的生存、繁殖和有效的养育行为。而当人年老的时候，生活及文化因素变得越来越重要。

2. 理论评价

进化发展心理学使用达尔文进化论的基本原则，特别是自然选择理论，来解释现代人类的心理发展，探讨心理行为发展的机制与进化起源。但进化发展心理学缺少一些具体的模型来描述信息的进化加工机制如何转变为行为。

比如孕妇突然厌恶某些食物，实际上可能是一种机制，目的是在胎儿发展最为脆弱的时候，避免其受到有害物质的伤害。

比如年幼儿童有限的运动能力，使他们不能远离父母到处走动，因此，降低了遇到风险的可能性。另外婴儿受限于不成熟的感觉系统使他们不用处理多余的信息，这有助于他们适应一个简单而且可理解的世界。

本节小结

学完本节我们会了解到，关于心理发展的理论解释有很多，包括精神分析的心理发展观、行为主义的心理发展观、文化-历史发展理论、认知发展理论、生态系统理论、成熟势说、毕生发展观等，每一种理论观点都有自己的立足点，都提出了自己的见解。其中，精神分析的心理发展观侧重从内在的情感和动机考察心理的发展，行为主义的心理发展观侧重从外在的行为描绘心理的发展，维果茨基的文化-历史发展理论侧重从社会历史文化的角度阐释发展，皮亚杰的认知发展理论则侧重描绘认知或智力的发展……由此我们可以看到，每一种理论观点关注的是发展的不同方面。通过学习不同流派的理论观点，我们就能对发展心理学的理论演变有一个宏观认知。

第二节　心理发展的基本问题

知识点 1　关于遗传和环境的争论 ★

在探讨心理发展因素的过程中，一直存在着关于遗传和环境在发展中的作用的争论。这种争论有时又称为"先天与后天"之争、"成熟与学习"之争、"生物因素与社会因素"之争。

1. 遗传与环境

①遗传是遗传物质从亲代传给下一代的现象。

②环境包括儿童所处的自然环境和社会环境。自然环境提供儿童生存所需的物质条件，如空气、阳光等；社会环境指儿童的社会生活条件，包括社会制度、生产力水平、家庭社会经济地位等。

2. 遗传和环境的争论 》 TIPS ①

关于心理发展的影响因素，比较典型的观点有遗传决定论、环境决定论、二因素论和相互作用论等。

①**遗传决定论**：以**高尔顿**为代表，强调遗传决定发展，完全否定环境的作用。

②**环境决定论**：以**华生**为代表，强调环境决定发展，完全否定遗传的作用。

③**二因素论**：以**施太伦**为代表，把遗传和环境视为相互独立的因素，关注各个因素发挥的作用。

④**相互作用论**：以**皮亚杰**为代表，强调遗传与环境的相互作用对儿童心理发展的影响。

在关于遗传与环境的争论中，交互作用的观点已经成为发展心理学的一种共识。在心理发展的不同方面和不同时期，遗传和环境之间的关系会有所不同。

知识点 2　发展的连续性与阶段性 ★

1. 连续性与阶段性 》 TIPS ②

①发展的连续性：指非成熟个体和成熟个体之间的区别在于某些心理或行为特征的数量或复杂性。

②发展的阶段性：指个体由非成熟到成熟在于一系列突然的变化，每一次变化都把个体提升到一个新的、更高级的水平。

2. 发展的连续性与阶段性的争论

（1）渐进论

心理发展是一种**连续、渐进、累加**的过程，儿童心理的发展是一个持续不断的量变的积累过程，不存在明显的台阶式。强调环境因素对心理发展的影响的理论一般都属于渐进论，如**行为主义的理**

TIPS ①

①霍尔、格塞尔同样是遗传决定论的拥护者。其中，霍尔有一句名言：一两的遗传胜过一吨的教育。

②洛克是环境决定论的拥护者，"白板说"强调的就是后天环境的作用。

TIPS ②

例如：婴儿期表现出来的知觉、记忆能力可能和成年期是一样的，只在程度上有所差异，这体现的是连续性的观点；婴幼儿具有与成年人完全不同的感知、思维和行为的方式，这体现的是阶段性的观点。

论、社会学习理论、信息加工理论。

（2）阶段论　　　　　　　　　　　　　　　>> TIPS ③

心理发展是一个非连续的过程，表现为一级一级向上的阶梯状，前后两个阶段具有截然不同的心理特征。发生的变化是突然的，而不是渐进的。强调生物成熟因素对心理发展的影响的理论一般都属于阶段论，精神分析的理论、皮亚杰的认知发展理论都属于阶段论。

实际上，心理发展是一个从量变到质变的过程，既有连续性又有阶段性。我们应该将心理发展的连续性和阶段性统一起来，这样才能既科学地解释生命全程的心理持续发展趋势，又探讨不同年龄阶段心理发展的特征。

知识点 3　发展的主动性与被动性 ★　　>> TIPS ④

发展的主动性与被动性的问题，实际上是儿童发展的内外因关系的问题。这一争论导致了两种对立的发展模型：机械论和机能主义。

1. 机械论（被动/外因）

机械论的代表人物是华生，机械论主张人就像一个机械的、被动的反应器，人的行为 R 是由外部环境刺激 S 引起的，环境塑造人的行为。发展完全可以由环境来控制，发展的结果也能直接通过 S 来预测。因此，机械论认为儿童的心理发展是被动的，发展的动力来自外部环境。

2. 机能主义（主动/内因）

机能主义的代表人物是皮亚杰，机能主义主张人是有生命的有机体，人的行为是内发、自生的，发展的原动力来自机体内部，是个体积极探索周围环境世界、主动与人交往的结果。因此，机能主义认为儿童的心理发展是主动的，心理发展的动力来自内部，环境仅仅影响发展的快慢。

在心理发展中，外因的作用是重要的，是儿童心理发展不可缺少的条件。但是，外因的作用不管有多大，如果它不通过心理发展的内因，不对儿童心理发展的内在关系施加影响，是不可能起作用的。

知识点 4　心理发展的"关键期"问题 ★

1. 关键期与敏感期　　　　　　　　　　　>> TIPS ⑤

①关键期：习性学家认为，动物的许多行为模式的形成可能有关键期。关键期是指在动物成长的某个时期（特别是早期），特别容

持阶段论者认为，发展就像是爬楼梯一样，每迈出一步就意味着个体有了更为成熟的、重组过的机能。

最早的争议可追溯到洛克和卢梭对儿童的看法。洛克认为，儿童像一块白板一样由社会"书写而成"（被动）；卢梭则认为儿童是先天的"高尚的原始人"，他们会按照自己积极的自然倾向去发展（主动）。

由于人类发展的可塑性，我们更多地使用"敏感期"来代替人类的"关键期"，即个体在敏感期会对特定的刺激非常敏感。例如，运动技能的敏感期在 10 岁左右结束。如果一个人在此之前学习一种乐器，经过较少的练习就能学会演奏这种乐器；如果一个人在 10 岁后学习乐器，他仍然可能学会，只是必须进行更多的练习，付出更大的代价，也就是我们所说的"事倍功半"。

易形成某种行为或反应，如果错过了这一时期，就难以形成了。

②**敏感期**：心理学家也十分重视人类的早期经验，认为人类早期的发展也存在一些关键的时期，更恰当地说是敏感期。在这一时期，人类对某一类刺激或环境影响非常敏感，更容易形成某种能力或行为，而错过了这一时期，人类对这类刺激的敏感性就会大大下降，特定的能力或行为就难以形成。

2. 关键期的研究

关键期的研究最早起源于动物心理学家**洛伦兹**对动物印刻行为的研究。洛伦兹在研究小鸭和小鹅等动物的习性时发现，它们通常将出生后第一眼看到的对象当作自己的母亲，并对其产生偏好和追随反应，这种现象叫作"**印刻**"。他还认为这种现象只发生在固定的短暂时期，一旦错过了这个时期就无法再学会，因此又称关键期为"最佳学习期"。

一般认为有四个领域的研究可以证实关键期的存在：**鸟类的印刻**（如洛伦兹的研究）、**哺乳动物的双眼视觉、恒河猴的社会性发展**以及**人类语言的习得**。

> **本节小结**
>
> 围绕发展心理学的研究对象和任务，研究者们产生了一些争论已久的基本问题，主要包括：遗传和环境的作用问题、发展的连续性与阶段性问题、发展的主动性与被动性问题以及关键期问题。大多数研究者认为，先天遗传给心理发展提供了可能性，后天的环境将这种可能性变为现实性，二者相辅相成，缺一不可；心理发展的外因通过内因起作用；心理一方面是不断发展的，另一方面也是有阶段性的，需要统一起来解释心理发展的趋势；此外，心理发展还存在关键期，错过关键期，特定的能力或行为就难以形成。

第三节 心理发展的影响因素

知识点 1　心理发展的影响因素 ★★

心理发展的影响因素主要包括遗传、生理成熟、环境和教育，它们之间是错综复杂的相互影响、相互制约的关系。

1. 遗传和生理成熟

遗传和生理成熟是心理发展必要的**物质前提**和**基础**。

①遗传是心理发展必要的物质前提。

②遗传素质的个别差异为发展的个别差异提供了最初的可能性。

③生理成熟在一定程度上制约着心理发展，是心理发展的物质基础。

2. 环境和教育

在遗传和生理成熟所提供的可能范围内，环境和教育对心理发展的现实水平起决定作用。

①环境和教育使遗传所提供的心理发展的可能性变为现实。

②社会生活条件和教育是制约心理发展水平和方向的最重要因素。

③教育作为一种特殊的环境，对心理发展起主导作用。

3. 心理发展是遗传与环境相互作用的产物

①环境会影响遗传物质因素的变化和生理成熟。

②遗传素质及其后的生理发展制约着环境对心理的影响。

③遗传与环境、生理成熟与教育对心理发展的相对作用不是始终固定不变的，在不同发展阶段、不同水平、不同性质的心理机能上是有所不同的，所以它们的相对作用是动态的。

> **本节小结**
>
> 本节主要介绍心理发展的影响因素，包括遗传、生理成熟、环境和教育。总的来说，心理发展是遗传与环境相互作用的产物。其中，遗传和生理成熟是心理发展必要的物质前提和基础，在遗传和生理成熟所提供的可能范围内，环境和教育对心理发展的现实水平起决定作用。

名词总结

本我	自我	超我	良心
自我理想	性本能	力比多	恋母情结
恋父情结	自居作用	自我同一性	合法延缓期
正强化	负强化	正惩罚	负惩罚
观察学习	直接强化	替代强化	自我强化
交互决定论	初级心理机能	高级心理机能	最近发展区
内化学说	图式	同化	顺应
平衡	客体永久性	泛灵论	自我中心
不可逆性	守恒	微系统	中间系统
外层系统	宏观系统	时间系统	关键期
敏感期	印刻		

第三章　心理发展的生物学基础与胎儿发育

知识导读

本章第一节主要探讨心理发展的生物学基础，即遗传在心理发展中所起的作用，第二节则介绍胎儿期的发育过程。所谓胎儿期，是指从受孕到出生的这段时间，可分为胚芽期、胚胎期、胎儿期三个阶段。胎儿的发展受到遗传、环境、母体和父源等因素影响，如果这一时期出现什么差错，将对个体造成严重的，甚至是终身的影响。

在考试中，本章内容主要以选择题的形式进行考查。在历年真题中，本章内容整体的考查频率较低，同学们稍作了解即可，不必花费过多时间和精力。

知识地图

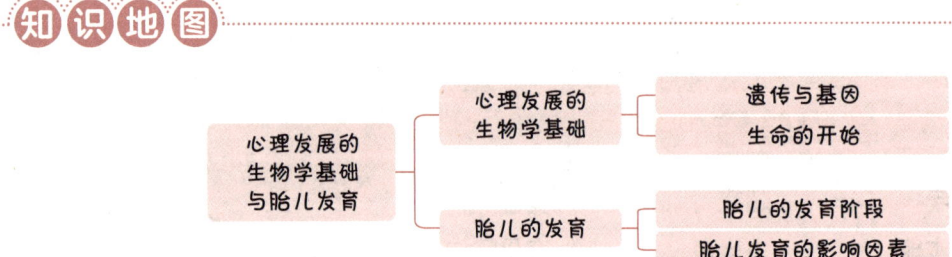

知识精讲

第一节　心理发展的生物学基础

知识点 1　遗传与基因 ★

DNA、染色体、基因　>> TIPS ①

①遗传的基础是一种称为<u>脱氧核糖核酸（DNA）</u>的化学物质。

②<u>染色体</u>是 DNA 的载体，它主要由 DNA 分子和蛋白质分子这两类化学物质组成。

③<u>基因</u>是具有遗传效应的 DNA 分子片段。它是<u>具有特定遗传功能的最小单位</u>，是储存特定遗传信息的功能单位。基因通过复制把

可以把染色体理解为 DNA 分开储存的一种形式。一条染色体只由一个 DNA 分子组成，而一个 DNA 分子上有许多个基因。

遗传信息传递给下一代，使后代出现与亲代相似的性状。

知识点 2　生命的开始 ★

1. 生殖细胞

生殖细胞是专门负责生殖繁衍的，包括女性的卵子、男性的精子。

2. 减数分裂和受精作用

①减数分裂是在生殖细胞成熟过程中发生的。生殖细胞经过减数分裂成为配子（卵子和精子），配子的染色体数目是原来细胞染色体的一半。

②通过受精作用，卵子和精子结合，产生受精卵（合子）。在受精卵中，染色体又恢复到原来的数目，即 23 对染色体。

③减数分裂与受精作用是相反又相成的两个过程。

3. 有丝分裂和细胞增殖

①受精后 24~36 小时，受精卵通过有丝分裂不断复制，使发育成个体的全部细胞中都含有和受精卵相同的遗传物质。

②细胞以分裂的方式进行增殖，这是生长、发育、繁殖和遗传的基础，是生命体的重要基本特征。

> **本节小结**
>
> 本节通过阐述 DNA、染色体、基因、生殖细胞、受精卵等概念，介绍遗传的生物学基础。当生殖细胞结合成受精卵，便揭开了生命的序幕。受精卵通过不断地进行细胞分裂来自我复制，最终发展成一个胎儿。

第二节　胎儿的发育

知识点 1　胎儿的发育阶段 ★

胎儿产前的发育过程可分为三个时期：胚芽期、胚胎期和胎儿期。

1. 胚芽期 / 胚种期 / 受精卵期（0~2 周）　

受精卵不断分裂，同时沿着输卵管向子宫方向移动。

第 4 天，形成一个球形结构，即胚泡。

第 7~8 天，胚泡植入富有养料、氧的海绵子宫内膜中，称为着床。

第 14 天，着床结束，胚泡最后黏合固定在子宫壁上。胚泡内层形成胚胎，外层分化为向胚胎提供保护和营养的组织。

2. 胚胎期（3~8 周）　

胚胎期是机体发育的关键期，这一时期最易出现严重的先天性

> TIPS ①
>
> 所有的受精卵中只有大约一半能够牢固着床，其他要么是基因异常而不能发育，要么是被埋入一个不能维持生长的地方并导致流产。

> TIPS ②
>
> 这一时期结束后，尚未出生的有机体就不再是一个胚胎、一团模糊的细胞，而是一个胎儿，一个逐渐清晰、逐步形成的独一无二的人类有机体。

异常，对母体致畸因素最为敏感。大多数自发性流产都是在这个阶段发生的。这个时期发展迅速，胚胎分化为三层：外胚层、中胚层和内胚层。人体各个器官和主要的生理系统就是在这三个胚层的基础上分化而形成的。

①外胚层：分化为表皮、指甲、毛发、牙齿、感觉细胞及神经系统。

②中胚层：分化为真皮、肌肉、骨骼以及排泄和循环系统。

③内胚层：分化为消化系统、肝脏、胰腺、唾液腺和呼吸系统。

到第 8 周末，胚泡已经具有人类胚胎的特征，鳃、尾消失。除大脑外，其他所有器官、系统均已存在。已经可辨认出胚胎是一个小小的人的雏形。

3. 胎儿期（9 周至出生）

在这一时期，器官的进一步分化有待完成，因此这一时期也称器官和功能分化期。这一时期还会出现另一个重要发育特征，即胎儿动作，主要表现为胎动和反射活动两种类型。胎动是指胎儿在母体内自发的身体活动或蠕动。妊娠 28~30 周是胎动最活跃的时期。

知识点 2 胎儿发育的影响因素 ★   》》TIPS ③

影响胎儿生理和心理发展的因素主要有遗传因素、表观遗传、环境因素（物理、化学、生物、地理因素）、母体因素、父源因素。

1. 遗传因素

胎儿生长发育的全过程受基因控制，基因的错误或变异均可导致遗传病变。如唐氏综合征，又称先天愚型，它是由第 21 号常染色体上的偏差（多了一条染色体）所引起的，以身体和智力的迟钝为特征，并且有相当独特的体征。

2. 表观遗传

表观遗传是指由非 DNA 序列改变引起的、可遗传的基因表达水平的改变。调控表观遗传修饰的基因若发生突变，可导致发育异常。

3. 环境因素

①物理因素：电离辐射、噪声、超声波、温度、电磁场等。

②地理因素：高原引起的胎盘功能障碍等。

③生物因素：病原微生物引起的病毒感染等。

④化学因素：汞及其化合物、铅及其化合物、有机农药、吸烟、嗜酒、饮用咖啡、吸毒、大气污染、妊娠期药物等。

4. 母体因素

①年龄：女性生育的安全年龄一般是 16~35 岁。对于 15 岁以下的孕妇来说，婴儿的死亡率较高；对于 35 岁以上的孕妇来说，胎儿

TIPS ③

助记口诀：

遗传和表观因素——遗传因素、表观遗传。

神话无敌好环境——环境因素：生物、化学、物理、地理。

母亲年轻几样病——母体因素：年龄、情绪、应激、营养、疾病。

父亲基因加环境——父源因素：基因质量、生活环境质量。

染色体异常概率上升，自发性流产概率增加，大龄产妇也更容易出现其他并发症。

②**情绪**：孕妇不良的情绪变化会影响营养的摄取、激素的分泌和血液的生化成分，进而可能导致胎儿畸形。

③**应激**：孕早期精神受刺激对新生儿先天性心脏病有影响，同时可能使胎儿的神经内分泌功能出现异常，从而影响胎儿的神经心理与行为，以及免疫功能。

④**营养**：孕妇营养不良可直接导致胎儿营养物质不足而影响发育，尤其是蛋白质和能量供应不足。

⑤**疾病**：孕妇患病可能影响胎儿发育或导致畸形。

5. 父源因素　　　　　　　　　　　　　　　》 TIPS ④

父亲影响胎儿发育的主要因素可以分为两类，包括**年龄、疾病、体型（肥胖）等遗传因素**，以及**以生活方式、心理状态、职业、经济收入为代表的社会环境因素**。前者直接影响父源基因的完整性和表达情况，后者主要影响母亲的生活环境和生活质量。这两类因素的不良发展均可能导致胎儿在宫内的生长发育发生异常，从而出现各种不良妊娠结果。

TIPS ④

父源因素为林崇德的《发展心理学》第三版中的新增内容，简单了解即可。

> **本节小结**
>
> 生命最初是从一个受精卵（合子）发展而来的。从受精卵到胎儿出生，一般会在母体内经历三个阶段，即胚芽期、胚胎期和胎儿期。出生前，胎儿的发育会受多种因素的影响，其中有些因素来自遗传机制，有些因素则来自环境、母亲和父亲自身。

=== **名词总结** ===

DNA	染色体	基因	胚芽期
着床	胚胎期	胎儿期	胎动
表观遗传			

第四章　婴儿的心理发展

知识导读

婴儿期指个体0~3岁的时期,是儿童生理发育、心理发展最迅速的时期。本章主要介绍婴儿在神经系统、动作、言语、认知、气质和社会性等六个方面的发展规律和特点。神经系统和动作的发展为婴儿心理发展提供了必要的前提。言语的发展则为认知、气质、社会性的发展提供了条件。

本章内容属于考试重点。第一节和第四节的内容主要以选择题的形式进行考查,其他几节的知识点则可能在各种不同题型中出现。其中,比较重要的知识点包括:婴儿的动作发展、言语发展的理论和过程、气质类型学说、婴儿的依恋等。在学习时,考生应对以上内容予以重视。

知识地图

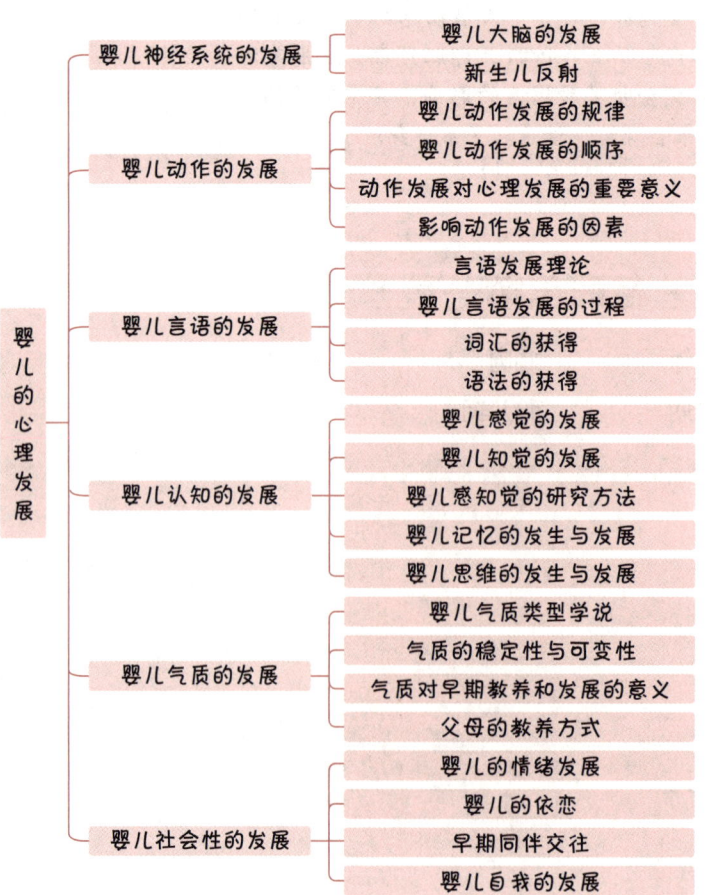

知识精讲

第一节 婴儿神经系统的发展

知识点 1 婴儿大脑的发展 ★

1. 婴儿大脑结构的发展

（1）脑重的发育

婴儿大脑从胚胎时期开始发育，出生后第一年内脑重增长最快，3 岁时已接近成人的脑重，此后发育速度变慢。到 15 岁时，大脑的发育达到成年人水平。

（2）大脑皮质的发育　　　　　　　　　　　　>> TIPS ①

胎儿 6 或 7 个月时，脑的基本结构就已具备。婴儿 2 岁时，大脑及其各部分的比例已基本上类似于成人大脑。白质已基本髓鞘化，与灰质明显分开。大脑的髓鞘化程度是婴儿脑细胞成熟状态的一个重要指标。

（3）神经元的发育　　　　　　　　　　　　　>> TIPS ②

婴儿刚出生时，突触之间的联结比较少，在环境的刺激下，神经纤维和突触增长的速度极快，这也是婴儿产生新技能的生理基础。

2. 婴儿大脑机能的发展

（1）脑电

脑电的变化常作为婴儿脑发展的一个重要指标。

① 5 个月的胎儿已显示出脑电活动，这是婴儿脑电活动发展的重要阶段。

② 同步节律 α 波的出现是婴儿脑成熟的标志。

③ 12~36 个月，婴儿脑电活动逐渐成熟。

（2）皮质中枢

婴儿的大脑是按照基因顺序发展的，遵循着头尾原则和近远原则。婴儿大脑发展速度最快的区域是脑干。随着大脑皮质的发展，婴儿的反射动作将越来越少，高级智力活动进一步发展。

（3）大脑单侧化　　　　　　　　　　　　　　>> TIPS ③

大脑单侧化是指在大脑的两个半球之一建立其特定功能的过程。在新生儿阶段就能观察到大脑单侧化的倾向。随着婴儿大脑的逐步发育成熟，这种单侧化倾向逐渐发展，并最终导致两半球在功能上出现本质上的差异。

TIPS 1

髓鞘是一种脂肪般的物质，类似于电线外面包裹着的绝缘材料，提供保护并加快神经冲动的传递。

TIPS 2

新生儿拥有的神经元远远超过实际所需的数量，那些没有受到刺激而形成突触联系的神经元会被消除，这就是"突触修剪"。因此，在这一时期对婴儿的大脑给予适当的刺激非常关键。

TIPS 3

尽管大脑两半球的功能具有一定的特异性，但在大多数方面两半球是串联的、相互依赖的。

知识点 2 新生儿反射 ★

1. 新生儿反射的含义

神经系统最基本的活动方式是反射。反射是在中枢神经系统的参与下，有机体对内外环境刺激所做的适应性、规律性反应。新生儿反射是指新生儿对特定的刺激以有组织、有意义的方式进行反应。

2. 新生儿反射的种类

新生儿的反射主要表现为无条件反射，是有机体在种系发展过程中，形成并遗传下来的反射。新生儿反射可分为两类：第一类是对新生儿具有明显生存适应价值的无条件反射；第二类是对新生儿不具有明显生存适应价值的无条件反射。

（1）第一类无条件反射（生存反射） >> TIPS ④

①无条件食物反射：觅食反射、吮吸反射、吞咽反射等。

②无条件防御反射：眨眼、喷嚏、呕吐反射等。

③无条件定向反射：表现为对新异刺激的觉察。

（2）第二类无条件反射（原始反射） >> TIPS ⑤

①巴宾斯基反射（足趾反射）：触摸婴儿的脚底，脚会向里弯曲，脚趾会呈扇形张开。这种反射约在婴儿满6个月时消失。

②达尔文反射（抓握反射）：当用物品刺激婴儿手心时，他会抓住不放。这种反射在婴儿出生后2~3个月消退。

③摩罗反射（惊跳反射）：当婴儿感到身体突然失去支持，或突然受到强声刺激时，先仰头、挺身、双臂伸直、手指张开，然后弯身收臂，紧贴胸前，作搂抱状。在婴儿出生后1个月内这种反射表现明显，约在婴儿满4个月时消失。

④游泳反射：将婴儿放入水中，婴儿的双臂和双腿会自然地做出游泳的姿势。这种反射在婴儿出生后4~6个月消失。

⑤行走反射：婴儿被人扶在腋下光脚板接触平面，他会做迈步的动作，看上去非常像动作协调的行走。这种反射在婴儿出生后2个月左右消失。

⑥强直颈反射（击剑反射）：当婴儿躺着时，把他的头转向左侧或右侧，他会伸出与头转向一致的那只手，而把相反方向的手臂和腿曲起来，仿佛摆出击剑者的姿势。实际上这是婴儿吃奶最好的姿势。这种反射应在婴儿出生后2~3个月消失。

3. 新生儿反射的意义

①有助于婴儿满足基本的需要，保护婴儿免受伤害。

②有助于婴儿与看护者建立最初的情感联系，促进个体的社会化。

③具有临床诊断价值，可帮助检查婴儿神经系统的发育是否健全。

TIPS ④

无条件定向反射：例如，当巨大的响声出现时，儿童会自动把头朝向它的方向，并停止正在进行的活动。

TIPS ⑤

关于六种原始反射的消失时间，不同的教材说法不一致。建议大家按照目标院校指定的参考书中的说法来记忆。本书参考的是刘金花版《儿童发展心理学》的表述。

本节小结

婴儿刚出生时，脑和神经系统还未发育成熟，这是婴儿不能独立生存的根本原因。在出生后，婴儿将经历一个脑发育的快速增长时期。可从脑的结构和机能两方面来看大脑的发展。大脑的结构发展具体表现为脑重、大脑皮质和神经元的发育；机能发展具体体现在脑电、皮质中枢和大脑单侧化等方面。出生后，新生儿拥有一整套无条件反射活动，可分为生存反射、原始反射两大类，分别具有生存适应价值和临床诊断价值。

第二节　婴儿动作的发展

知识点 1　婴儿动作发展的规律 ★★ >> TIPS ①

动作发生的时间可追溯到胎儿期。胎儿期的胎动和一些反射活动是"最早产生"的两种动作。婴儿动作发展的规律包括以下三点。

1. 从上到下（头尾原则）

婴儿最早发展的动作是头部动作，其次是躯干动作，最后是脚的动作。他们最先学会抬头和转头，然后是翻身和坐，接着是使用臂和手，最后才学会腿和足的运动，能站立、行走、跑跳，即按照"抬头—翻身—坐—爬—站立—行走"的方向逐步成熟。

2. 由近及远（近远原则）

婴儿动作的发展从身体中部开始，越接近躯干的部位，动作发展越早，而远离身体中心的肢端动作发展较迟。以上肢动作为例，肩头和上臂首先成熟，其次是肘、腕、手，而手的动作发展最晚。

3. 由粗到细（大小原则）

婴儿首先学会大肌肉、大幅度的粗动作，在此基础上逐渐学会小肌肉的精细动作。

知识点 2　婴儿动作发展的顺序 ★ >> TIPS ②

1. 头部

眼肌的控制发生于出生初期。出生后12小时，婴儿已出现眼睛注视移动中的成串东西的"眼球震动"运动，在第3~4周，已有眼睛逐物的运动。满月的婴儿俯卧时能将头部举到水平位置，头部发展的顺序是俯卧时能抬头，然后坐着时头能垂直，最后仰卧时能抬头。

2. 躯干部

躯干部的主要动作是翻身和坐。婴儿由侧卧转为仰卧，由仰卧转为侧卧，然后是自由翻转。约在此同时，婴儿能控制躯干部自动

 TIPS ①

婴儿动作的发展和婴儿身体的发展、大脑和神经系统的发展密切相关。婴儿身体的发展遵循头尾原则、近远原则、等级整合原则和系统独立性原则。

①头尾原则（从头到尾）：身体各部分的发展必须从头部延伸到身体的下半部。次序是头部—颈部—躯干—下肢。

②近远原则（由近及远）：个体的发展从身体的中部开始，然后延伸到边缘部分。头部和躯干比四肢先发育，手臂和腿比手指和脚趾先发育。

③等级整合原则：指简单的技能一般是独立地发展起来的，随后这些简单的技能被整合成复杂的技能。也就是说，简单或初级的技能首先发展起来，随后才能相互协调，形成更高级的技能。

④系统独立性原则：指不同的身体系统的发展进程和速度是相对独立的，它们以不同的速度向前发展。

 **TIPS ②**

①行走动作发展顺序：抬头—翻身—坐—爬—站—走—跑—跳。

②手部技能的发展顺序：抓—拿—递—堆积—穿珠—折纸。

坐起，开始时身体前倾、双臂外伸、两腿弯曲、脚掌相向，以保持身体上半身的平衡。

3. 手臂和手

婴儿早期的抓握是使用整个手臂，以后才使用拇指，再发展到使用五根手指。另外，婴儿在抓握动作中，逐步形成眼手协调，即视觉和触觉的协调。手的抓握动作约在周岁时接近完成。

4. 腿和脚

婴儿在学会翻身、坐起的动作后逐渐学会了爬行。最初婴儿往往用着地滑行来代替爬行，之后是匍匐爬行，接着用膝盖和手爬行。最早约在8个月时婴儿才能用手和脚作四肢爬行。1岁左右的婴儿能扶着东西走路，14个月时婴儿能不用支持物自己独立走几步，一般在1岁半时婴儿能自如行走。

知识点 3 动作发展对心理发展的重要意义 ★★ »TIPS ③

①个体**心理的起源与动作密切相关**。在思维、智力的发生过程中，动作起着决定性的作用。

②从个体心理的发展历程来看，个体的心理发展是由外逐步内化的，**动作在心理的内化过程中起着关键性的作用**。

③从个体心理发展的生理基础以及心理各个具体方面的早期发展来看，动作作为主体能动性的基本表现形式，**在个体早期心理发展中起着重要的建构作用**，它使个体能够积极地构建和参与自身的发展。

动作发展是认知发展的外在表现。随着动作的发展，婴儿的认知方式也会发生变化。

知识点 4 影响动作发展的因素 ★★

1. 遗传和成熟

个体自身的肌肉、骨骼、关节与神经系统在结构与功能上的成熟为动作发展提供了生物前提，是动作发展的物质基础。**格塞尔的双生子爬梯实验**表明婴儿的发育成熟程度对动作发展有着重要影响。

»TIPS ④

格塞尔的双生子爬梯实验已在第二章中详细介绍，此处不再赘述。

2. 学习和教育

学习和教育为个体提供了必要的刺激与经验，影响着动作发展的速度、水平、顺序和倾向等，对个体的动作发展具有一定的促进或阻碍作用。

3. 营养与健康 »TIPS ⑤

婴儿营养不良或营养过剩都对生理的发育有着或多或少的影响，并且会直接表现在婴儿的动作发展上。婴儿动作的发展也会受到疾病和意外伤害等的影响，并且这种影响有时是不可逆的。

例如，营养不良导致身体瘦弱的婴儿，其动作机敏度、速度、力度等往往落后于正常婴儿。

4. 环境

（1）气候

在冬天出生的婴儿会比在其他季节出生的婴儿平均提前2~4周学会爬行。 》》TIPS ⑥

（2）文化背景 》》TIPS ⑦

由于文化的限制，不同国家婴儿的动作有不同的发展状况。

> **本节小结**
>
> 心理的发展离不开人的活动，人的活动又是在神经系统特别是大脑的支配下，通过动作来完成的。因此，我们常把动作发展作为测量婴儿心理发展水平的一项指标。身体发展有其固定的规律和顺序，动作发展也是如此。具体来说，婴儿的动作发展遵循从上到下、由近及远、由粗到细等规律，并且依据"头部—躯干部—手臂和手—腿和脚"的顺序发展。婴儿动作的发展具有重要的心理意义。遗传和成熟、学习和教育、营养与健康、环境等因素都可能影响婴儿动作的发展。

TIPS ⑥

在春、夏、秋季出生的婴儿刚开始爬行的几个月中，可能由于气温的变化，导致父母会调整对婴儿动作方面的要求和抚育活动，从而有意识地减少婴儿爬行的机会。

TIPS ⑦

例如，非洲国家的婴儿学会行走的年龄普遍比欧洲国家的要早。

第三节 婴儿言语的发展

知识点 1 言语发展理论 ★★★ 》》TIPS ①

言语的发展受到多种因素的影响。一些研究者认为，言语发展主要取决于生物学因素，另一些研究者则强调环境因素，认为言语是从环境中学习的结果。而大部分现代理论持中间立场，既承认遗传的作用，又承认环境的作用。

1. 先天遗传论

先天遗传论否定学习和环境是语言获得的决定因素，强调<u>先天禀赋</u>在语言获得中的作用。

（1）转换生成说/先天语言能力说

<u>乔姆斯基</u>认为，言语是人类与生俱来的一种能力。其观点包括：

①语言是<u>利用规则去理解和创造</u>的，而不是通过模仿和强化得来的。

②<u>语法是生成的</u>。婴儿先天具有一种<u>语言习得机制</u>（LAD）——一个与生俱来的语言处理器，在适当的语言信息输入的条件下可以学会任何一种语言（言语获得），即由普遍语法向个别语法的转化。

③每个句子都有两个层次结构——深层结构、表层结构。<u>深层结构</u>显示基本的句法关系，决定句子的<u>意义</u>；<u>表层结构</u>则表示用于交际中的句子形式，决定句子的<u>语音</u>等。句子的深层结构（语义）通过转换规则变为表层结构（语音等），从而被感知和传达。

》》TIPS ②

TIPS ①

言语发展理论的争论焦点主要是以下三点：语言是先天的还是后天习得的；语言是被动学习的还是主动创造的；认知（尤其是思维）与言语的关系。

TIPS ②

例如，"我喜欢读书"与"I like reading"的深层结构（语义）相同，但它们的表达形式不同，在转换为表层结构（语音）之后，婴儿就能较好地感知和理解这个句子。

④作为言语获得基础的这种先天机制，后天必须及时暴露于语言的刺激下而被激活，否则就会失败。 >> TIPS ③

评价：乔姆斯基的转换生成说有一定的合理之处，但是其过于强调天赋和先天性，低估了环境和后天教育的作用，忽略了语言的社会性，有唯心主义倾向。

（2）自然成熟说

勒纳伯格认为，言语的发展过程与生物成熟密切相关。其观点包括：

①生物遗传素质是人类获得语言的决定因素。

②语言以大脑的基本认识功能为基础，其基本功能是对相似的事物进行分类和抽取。

③大脑功能的成熟存在关键期，由此言语的获得也有关键期。言语获得的关键期是从2岁左右开始，到青春期（11~12岁）。

>> TIPS ④

评价：自然成熟说的某些观点，如大脑中存在语言中枢、语言获得存在关键期等，得到了一些相关研究的证实，有一定的科学性。但它否定了环境和交往在言语发展中的重要作用，将先天禀赋和自然成熟的作用提升到了不适宜的高度。

2. 后天学习论

（1）强化说 >> TIPS ⑤

巴甫洛夫、斯金纳都认为，言语的获得是条件反射的建立，强化在这一过程中起着非常重要的作用。其主要观点包括：

①婴儿学习语言，是他们自主或无意的发音受到父母或家人强化的结果，并在此基础上模仿成人的发音、词汇以及语法应用的过程。

②斯金纳提出了"强化依随"的概念，即强化刺激紧跟在言语行为之后发生。 >> TIPS ⑥

评价：强化说有其合理性，可以解释某些低级言语的发生过程，如最初的语音和单个单词等。但是，语言的无限性决定了成人不可能对所有的句子都给出强化反应。而且，成人通常关注的是语言内容的正确性，而不是语法结构的正确性。强化说过分强调了婴儿的无目的反应和狭隘的强化作用，忽视了婴儿自身在语言学习中的作用。其中有些观点不是从对婴儿言语行为的实际观察中得出的，而是从动物实验中得出的，因此也带有一定的片面性。

（2）模仿说 >> TIPS ⑦

模仿说认为，婴儿通过对成人语言的模仿而学会语言。模仿说可分为早期的机械模仿说和后来的选择性模仿说。

在一定程度上，乔姆斯基正在向言语发展的先天-后天相互作用理论靠近。

青春期之前，只要有特定的环境，儿童不经过专门训练，就可以轻松地掌握任何一种语言（甚至两种以上的语言），且能达到母语者的那种流利程度。

婴儿学习语言是对环境或成人的话语作出合适反应，如果反应是正确的，成人就会给予物质上或口头上的鼓励，使之得到强化，而被强化了的反应逐渐形成语言习惯。

强化依随主要有两个特点：①最初被强化的是个体偶然发生的动作；②强化依随的程序是渐进的。如婴儿偶然发出"ma"的声音，母亲就抱他、抚摸他。

关于模仿在言语发展中的作用，比较一致的看法是：①模仿在语言习得中起一定作用，语言习得部分依赖于模仿，但它不是唯一的、必要的；②模仿受儿童本身认知、语言、成熟水平的制约；③对于语言的各个方面，在儿童的各个年龄段，模仿的重要性不同。

①机械模仿说

机械模仿说由奥尔波特首先提出，这种观点把婴儿的语言看作成人语言的翻版，无视婴儿在掌握语言过程中的主动性和创造性。

此外，班杜拉的社会学习理论也强调了社会语言模式和模仿的作用。他认为，婴儿获得语言大部分是在没有强化的条件下进行的观察和模仿。

②选择性模仿说 　　　　　　　　　　　　　　>> TIPS ⑧

怀特赫斯特、瓦斯托等人提出了选择性模仿说。他们认为，婴儿对成人言语的模仿是有所创造、有所选择的。婴儿可以通过模仿获得语法框架。

评价：在婴儿言语习得过程中，模仿确实起作用，它使婴儿迅速地掌握和运用大量语言材料和基本语法规则。但是，有些复杂的语言范式远远超过了婴儿的模仿能力范围，所以模仿说无法解释言语获得过程中的全部事实。

3. 相互作用论

相互作用论以皮亚杰的认知学说为理论基础，强调婴儿的言语发展是先天能力和客观经验相互作用的结果，即影响言语发展的既有遗传因素，也有环境因素。

（1）认知相互作用论 　　　　　　　　　　　　>> TIPS ⑨

以皮亚杰为代表的认知发展理论强调环境与主体相互作用对言语发生发展的重要影响。其观点包括：

①语言是一种符号功能，即婴儿应用一种象征或符号来代表某种事物的能力。

②认知结构是语言发展的基础，语言结构随着认知结构的发展而发展。

③认知来源于主客体之间的相互作用。因此，语言也是在个体和环境相互作用的过程中逐渐发展起来的。

评价：认知相互作用论特别强调了主客体相互作用在婴儿言语获得中的重要作用，阐明了思维和语言之间的相互作用、相互影响、相互制约的关系。但这种理论没能完全解释清楚言语发生的复杂过程和言语生成各环节之间的关系。

（2）社会相互作用论/社会交往说 　　　　　>> TIPS ⑩

社会相互作用论是布鲁纳、贝茨等学者的理论主张。他们认为，婴儿和成人的语言交流是婴儿语言获得的决定性因素。这种理论强调语言环境和语言输入的作用。婴儿和他所处的语言环境构成一个动态的系统，其中，婴儿不是一个被动的接受者，而是一个主动的参与者。

TIPS ⑧

通过模仿获得语法框架的例子：先学会说"我的鞋""我的自行车"，然后形成语法框架，即"我的××"。

TIPS ⑨

不少研究表明，语言和认知发展可分离、脱节，有的婴儿认知发展较快而语言发展缓慢，有的则相反。这就说明语言发展相对独立于认知，不能简单地把语言看成认知的一个部分。

TIPS ⑩

支持社会交往说的例子：一名听说正常而父母聋哑的儿童，由于他身体不好，不能外出，就只能整天在家里通过看电视学习正常人的语言。由于他只能单向地听，没有语言交流实践，缺乏应有的信息反馈，因此这名儿童最终没有学会口语。

评价：不少学者认为，这种理论是一种折中的观点，虽然易于接受，但还不足以说明婴儿如何在交往中、在语言输入的基础上形成和发展语言。它不能解释婴儿语言获得中的许多问题，也不能排除婴儿具有先天的语言能力。

知识点 2 婴儿言语发展的过程 ★★★

1. 前言语阶段（0~12 个月） »TIPS ⑪

前言语阶段是言语发生的准备期，也是言语获得过程中的语音敏感期。在此期间，出现了咿呀学语、非语言性声音和姿态交流，这些统称为前言语现象或前言语行为。前言语交流同样具备言语交流的三大基本特征：

①目的性：说话人与听话人之间的交流通常是围绕特定的目的展开的，言语内容与此相关。

②指代性：言语交流的内容通常指代特定的事物。

③约定性：语言与语言所表达的事物的关系是任意的，是约定俗成的。由于这种约定性，有时语言的表达虽然不合逻辑，但说话者与听话者都能够理解，不会产生歧义。

TIPS ⑪

例如，婴儿在想要一个玩具时，可能会将手伸向玩具，同时在母亲和玩具之间来回地看；伴随这种伸手行为，有时还有大呼小叫或哭叫行为，当母亲满足其要求时，这种行为就能停止。

2. 单词句阶段（1~1.5 岁） »TIPS ⑫

单词句是指以一个词来代表一句话的意思。它具有以下特点：

①与动作紧密结合：婴儿用单词表达某个意思时，常伴随着动作和表情。

②含义不明确：婴儿只是用单词对整个情境作笼统的描述，成年人必须根据非语言情境和语调的线索才能推断出意思。

③词性不确定：婴儿虽然最先学到名词，但使用时不一定当名词用。

④单音重叠：婴儿更多用叠词来进行语言的表达，如"球球"。

TIPS ⑫

例如，"球球"意指"那是球"，"爸爸"意指"那是爸爸"。

3. 双词句阶段（1.5~2 岁） »TIPS ⑬

双词句已具备语句的主要基本成分，但它仍然简略、断续、不完整。双词句类似于成人的电报用语，故被称为"电报句"。这一时期的婴儿主要使用名词、动词、形容词等实词，很少使用具有语法功能的虚词（如连词、介词等）。

TIPS ⑬

例如，如果处于双词句阶段的婴儿想自己吃饭，不想要妈妈喂，他可能会说"妈妈离开"。

4. 完整句阶段（2~3 岁） »TIPS ⑭

完整句是指句法结构完整的句子。2 岁婴儿的话语大部分是完整句，3 岁婴儿的话语已基本上都是完整句。句法发展的基本顺序是，从无修饰的简单句到有修饰的简单句，再到复杂句。

①简单句：指句法结构完整的单句。1.5~2 岁的婴儿在说出电报句的同时，开始说出结构完整而无修饰语的简单句。

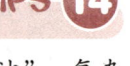

TIPS ⑭

简单句如"我玩沙"；复杂句如"我玩完沙就回家"。

②复杂句：指由几个结构互相联结或互相包含所构成的单句。

知识点 3　词汇的获得 ★

从总体上看，随着年龄的增长，婴幼儿掌握的词汇量不断增加，对词义的理解也日益准确，所掌握的词汇类型也日益增多。

1. 第一批词的产生　　>> TIPS ⑮

婴儿最早可以在 9 个月 时说出第一个有特定意义的词，最晚则在出生后 16 个月 时。第一批词具有 很强的场合约定性，它们只能用来指代有限的某个特定情境下出现的某一特定事物，有一些 已具备概括性意义。

2. 词汇的获得与运用

婴儿词汇的获得与运用主要体现在以下三个方面：

①婴儿继续掌握一些场合限制性较强的词。
②已掌握的词开始摆脱场合限制性，获得初步的概括意义。
③婴儿开始直接掌握一些具有概括性和指代性功能的词汇。

其中，词汇的 去场合限制性 是婴儿真正掌握词汇、获得概念的重要途径。其外在表现为，原本只用于特定场合、特定事物的词汇，现在迁移、运用到与此事物有关的不同场合。

3. 词语爆炸与词义的扩大和缩小　　>> TIPS ⑯

① 词语爆炸：19~21 个月时，婴儿掌握新词的速度进一步突然加快，平均每个月掌握 25 个新词，这被称为"词语爆炸"现象。

② 词义的扩大：儿童扩大了词的使用范围，所使用的单词往往包括很多不同的意义。

③ 词义的缩小：儿童常以自己独特的理解方式缩小词的使用范围，对事物作过于严格的区分。

知识点 4　语法的获得 ★

1. 语法的发展　　>> TIPS ⑰

语法是根据所要表达的思想，将词语联结成句的规则。语法的发展直接体现为婴儿遣词造句能力的发展。20~30 个月是婴儿基本掌握语法的关键期。36 个月的婴儿就已基本掌握了母语的语法规则系统，成为一个颇具表达能力的"谈话者"。

2. 过度规则化现象　　>> TIPS ⑱

与词汇的获得一样，婴儿有时候会将新的语法词素过度泛化地应用到普通言语的不规则词中，这一现象叫作 过度规则化（规则扩大化）。这与婴儿的自我中心思维的绝对性有关。

TIPS ⑮

关于第一个词的产生时间，不同教材的说法不太一样。如在林崇德的《发展心理学》中为 9~16 个月，在桑标的《儿童发展心理学》中为 10~13 个月，在周宗奎的《儿童青少年发展心理学》中为 10~15 个月。建议考生按照目标院校指定的教材的表述进行记忆。本书主要依据的是林崇德版教材的表述。

TIPS ⑯

词义的扩大和缩小在 2~6 岁儿童中普遍存在。词义扩大如：把所有四只脚的动物都叫作狗，把许多水果都称作苹果。词义缩小如："桌子"一词单指自己家里的方桌，"妈妈"则仅指自己的妈妈。

TIPS ⑰

单词句、双词句和完整句三个阶段也属于语法发展的三个阶段，由于在知识点 2 中已进行详细介绍，此处就不再赘述。

TIPS ⑱

例如，婴儿学会说"一只小狗"后，可能会继续说"一只鱼""一只人"等。

本节小结

言语的发展又称言语的获得，指的是婴儿对母语的产生和理解能力的获得。首先，针对婴儿言语发展的关键因素，不同的研究者提出了不同的言语发展理论，主要可分为三大类：先天遗传论、后天学习论和相互作用论。其次，婴儿言语发展的过程可划分为四个阶段：前言语、单词句、双词句和完整句阶段。最后，本节介绍了词汇和语法的获得，其中特定的现象需要引起注意，如词语爆炸、过度规则化等。

第四节　婴儿认知的发展

在婴儿的认知能力中，感知觉是最先发展且发展速度最快的一个领域，在婴儿认知活动中一直占主导地位。

知识点 1　婴儿感觉的发展 ★

1. 视觉

视觉最初发生在胎儿中晚期，4~5个月的胎儿已有视觉反应能力。出生后2~4个月的婴儿已发展出颜色知觉，4个月的婴儿已有颜色偏好。而且，至少在6个月以前，婴儿已具有立体觉。

2. 听觉

听觉在婴儿刚出生时已经发展得非常好，5~6个月的胎儿已经开始建立听觉系统。6个月以前的婴儿能辨别音色、音高等，并初步具备协调听觉与身体运动的能力。

3. 味觉、嗅觉和触觉

①味觉：4个月的胎儿已能感受足够的味觉刺激。新生儿的味觉已发育得相当完好，并在其防御反射机制中占有相当重要的地位。

②嗅觉：7~8个月的胎儿具有相当成熟的嗅觉感受器和初步的嗅觉反应能力，已能大致区别几种不同的气味。

③触觉：**发生最早、最重要**。胎儿在第49天时就已经具有初步的触觉反应，在2个月时能对细而尖的刺激产生反应活动。4个月以后的婴儿具有成熟的够物行为，视触协调能力已发展起来。

知识点 2　婴儿知觉的发展 ★

1. 空间知觉

（1）方位知觉

婴儿对外界事物的方位知觉是以自我为中心来进行定位的，刚出生的新生儿就具有基本的听觉定向能力。

（2）距离知觉（深度知觉）

新生儿已能对逼近的物体有某种初步反应，并具备原始的深度

TIPS ①

新生儿是看不见彩色的，在他们的眼里，世界被知觉为黑、白、灰的世界。一般认为，婴儿从3或4个月起，开始对颜色有分化性反应，能分辨彩色与非彩色。

TIPS ②

灵敏的嗅觉有其重要的生物学意义，它可以保护婴儿免受有害物质的伤害。

TIPS ③

婴儿对外界的触觉探索活动主要是通过口腔触觉和手部触觉来完成的。

TIPS ④

婴儿的听觉定向能力呈U形发展，即起初高，然后下降，最后再上升。

TIPS ⑤

视崖实验将在"婴儿感知觉的研究方法"中进行详细介绍，此处不再赘述。婴儿的深度知觉能力与其早期的运动经验有关，尤其与婴儿爬行的经验有关。早期运动经验丰富的婴儿对深度知觉更敏感，表现出的恐惧也更少。

知觉。吉布森、沃克的视崖实验最早用来研究深度知觉。另一种测定婴儿深度知觉的方法是"位移刺激逼近",具体操作是：呈现一个以一定速度向婴儿逐渐逼近的物体,观察婴儿反应。2~3个月的婴儿会有保护性的眨眼反应,4~6个月的婴儿会有躲避反应。

2. 物体知觉

（1）形状知觉

婴儿在3个月时具有分辨简单形状的能力,在8或9个月以前就获得了形状恒常性。而且,婴儿表现出对人脸的偏好。

（2）大小知觉

4个月以前的婴儿已经具备了大小恒常性。6个月以前的婴儿已能辨别大小。

3. 联合知觉 ≫ TIPS ⑥

联合知觉又称"跨通道知觉"或"统觉知觉",指个体结合来自一个以上通道或感觉系统的刺激,联合知觉展示了婴儿主动建立有序和可预知世界的能力。

新生儿在听到声音转头时伸出手来;3~4个月的婴儿将嘴唇的运动与声音联系起来;7个月的婴儿可以将愉快或愤怒的声音与对应的言语联系起来。

知识点 3 婴儿感知觉的研究方法 ★★ ≫ TIPS ⑦

1. 视觉偏好法

"视觉偏好"是指婴儿注视具有某一特点的目标的时间明显超过注视其他目标的时间的现象。在视觉偏好法的实验中,研究者通过探究婴儿对刺激物的注视时间长短,即可研究婴儿的感知觉能力。

范茨采用视觉偏好法进行了研究,同时呈现两个图案,并测量婴儿注视每个图案的时间。如果婴儿对某对象的注视时间长于对另一对象的注视时间,则说明婴儿对其中一个对象表现出了偏好。出现偏好,说明婴儿的感知觉系统能区分这两个刺激,也可判断婴儿倾向于注意什么。

2. 习惯化与去习惯化 ≫ TIPS ⑧

①习惯化：给婴儿呈现一项新的刺激,婴儿会表现出相应的反应（如转头或眼神移动、呼吸或心率的改变）,当重复呈现这个刺激的时候,婴儿的反应会逐渐减少乃至停止。这就是习惯化的过程。

②去习惯化：在婴儿对某个刺激习惯化之后,呈现一个新的刺激。这时,婴儿如果出现明显的反应,表明婴儿恢复了对新刺激的兴趣。这就是去习惯化的过程。

TIPS ⑥

例如,新生儿听到声音就会将目光注视声音的方向,这就是视觉和听觉的联系或整合。

TIPS ⑦

婴儿感知觉研究的最大障碍在于,他们既不能用言语报告自己的知觉活动,也不能以熟练的行为作出反应。因此,研究者能否机智地利用婴儿的非言语反应,作为推断他们感知觉活动的指标,就成为婴儿感知觉研究成功与否的关键。

TIPS ⑧

习惯化和去习惯化是相反的过程。习惯化指对重复刺激的反应强度降低,去习惯化指能察觉到已经习惯了的刺激出现某种变化。这两种现象说明刚出生的婴儿具有再认熟悉物体的能力。

3. 视崖实验

①实验装置：视崖装置是一张能容纳婴儿爬行的平台。平台两边覆盖着厚玻璃，平台上一边布料与玻璃贴紧，形成"浅滩"，而另一边只有玻璃，布料放在与玻璃相隔数尺的地板上，造出深度，形成"深渊"，如图 4-1 所示。

②实验过程：实验时，让婴儿的母亲先后站在"深""浅"两侧，通过呼唤或拿出玩具的方式来吸引婴儿，观察婴儿是否会从"深渊"爬向母亲身边。

③实验结论：6 个月大的婴儿已经具有深度知觉，且深度知觉的能力随着年龄的增长不断发展。

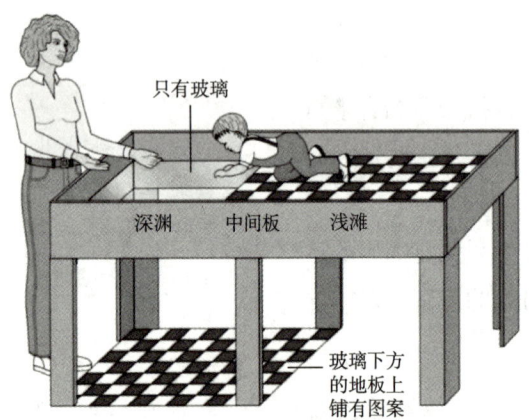

图 4-1　视崖实验的装置示意图

知识点 4　婴儿记忆的发生与发展 ★

1. 记忆的发生

近年来胎儿研究工作者发现，人类个体在胎儿末期（妊娠 8 个月左右）就已有了听觉记忆，出生后有再认表现。对其他动物的比较心理学研究也为这一结论提供了有力的佐证。因此，我们认为，人类个体记忆发生的时间在胎儿末期，而不是在出生后不久。

2. 记忆的发展

①帕波塞克最早采用经典条件反射研究了婴儿期记忆的发展。

②诺韦-科利尔及其同事首创使用操作性条件反射对婴儿记忆进行了一系列极具成效的研究，证实：

　a. 新生儿末期已具备特定的长时记忆能力；

　b. 3 个月大的婴儿对操作性条件反射的记忆能保持 4 周。

③12 个月以后，婴儿语音的产生和发展为他们带来了很多重要的变化，其中，符号表征能力的出现使婴儿语词逻辑记忆能力的产生成为可能，而延迟模仿能力的产生则标志着婴儿表象记忆及再现能力的初步成熟。

知识点 5　婴儿思维的发生与发展 ★

当前对婴儿思维发展的研究，大多集中在问题解决能力的发生与发展。

1. 思维的发生

帕波塞克和伯恩斯坦关于婴儿条件反射的经典实验及其他人的大量研究证实，3个月大的婴儿就已具备了比较明显的问题解决能力。

2. 思维的发展

① 6个月大的婴儿已能进行模仿；

② 7~8个月大的婴儿能根据不同情况的任务调整自己的够物行为；

③ 9个月大的婴儿在用支持物够物时已很少犯"A、B错误"；

>> TIPS ⑨

④ 在婴儿满12个月以前，他们已能利用工具解决问题，并获得了手段-目的分析策略。

>> TIPS ⑩

TIPS 9

"A、B错误"是指：如果婴儿在第一个隐藏位置（A）几次找到一个物体，然后看到该物体被移到第二个位置（B），他们仍然会去搜索第一个隐藏位置（A）。皮亚杰认为，婴儿的这一错误是感知运动阶段所固有的。

TIPS 10

这些最新的研究成果与皮亚杰的观点不符，因此有研究者认为皮亚杰低估了婴儿的能力。但我们不能因此否定皮亚杰在儿童认知发展领域所做出的卓越贡献，每一位伟大学者的理论均可能引发修正、扩展和争议，这也是我们能不断接近事实真相的原因。

> **本节小结**
>
> 感知能力是各种心理能力发展的基础，它出现早、发展快。在婴儿期，感知觉的精细程度得到了很大提高。首先，本节针对婴儿感知觉的发展，介绍了视、听、味、嗅、触五种感觉的发展，以及空间知觉与物体知觉的发展；然后，本节介绍了研究婴儿感知觉的常用方法，包括视觉偏好法、习惯化与去习惯化、视崖实验；最后，本节介绍了婴儿记忆和思维的发展。

第五节　婴儿气质的发展

知识点 1　婴儿气质类型学说 ★★

气质类型是指表现在人身上的一类共同的或相似的心理活动特性的典型结合。研究者对气质类型的划分众说不一，如传统的四类型说、巴甫洛夫的高级神经活动类型说、托马斯和切斯的三类型说等。

1. 传统的四类型说　　>> TIPS ①

传统的四类型说将人类气质分为以下四种：**多血质、胆汁质、黏液质、抑郁质**。

2. 巴甫洛夫的高级神经活动类型说

巴甫洛夫认为，气质可以分为四种不同的类型：强而灵活型（多血质）、强而不平衡型（胆汁质）、强而不灵活型（黏液质）、弱型（抑郁质）。

TIPS 1

四类型说和巴甫洛夫的分类在本书《普通心理学》部分第十二章均有具体介绍，可结合《普通心理学》进行学习，在《发展心理学》中不再赘述。

3. 托马斯和切斯的三类型说　　>> TIPS ②

托马斯、切斯将婴儿的气质类型分为三类：容易型、困难型、迟缓型。但这三种类型只涵盖了约65%的婴儿，其余约35%的婴儿往往具有两种或三种气质类型的混合特点，属于中间型（过渡型、交叉型）。

①容易型：这类婴儿饮食、大小便、睡眠都很有规律；容易适应新环境，也容易接受新事物和不熟悉的人；心境、情绪比较愉快、积极。他们容易受到成人极大的关怀和喜爱，约占总数的40%。

②困难型：这类婴儿活动没有节律，不容易预测和把握；难以适应新环境，在接触陌生人或新事物时，时常退缩；情绪总是不好，时常大声哭闹、烦躁易怒、不易安抚。这类婴儿使得成人需要付出极大的耐心和宽容，约占总数的10%。　　>> TIPS ③

③迟缓型（慢热型）：这类婴儿的行为表现居于上述两种类型之间。他们比较安静，不爱活动；逃避新事物、新刺激，对外界环境和事物的变化适应较慢；心境比较消极，情绪低落。这类婴儿约占总数的15%。　　>> TIPS ④

4. 布雷泽尔顿的三类型说

布雷泽尔顿将婴儿气质划分为一般型、活泼型、安静型。

①活泼型：容易哭，经常大喊大叫。

②安静型：比较安静，不活跃，动作柔和。

③一般型：介于前两类之间，大多数婴儿都属于这一类。

5. 巴斯的活动特性说

巴斯、普罗敏将婴儿气质划分为情绪性、活动性、社交性、冲动性四种类型。

①情绪性婴儿：通过行为或心理和生理变化而表现出悲伤、恐惧或愤怒的反应。与其他婴儿相比，他们可能会对更细微的厌恶性刺激做出反应，并且不易被安抚下来。

②活动性婴儿：总是忙于探索外在世界和做出一些大肌肉运动，乐于并经常从事一些运动性游戏。他们比其他类型的婴儿更易引起与他人的冲突，从而导致成人对其采取限制、干预或强制性行为。

③社交性婴儿：愿意与不同的人接触，不愿独处，在社会交往中反应积极。

④冲动性婴儿：活动、情绪不稳定而多变化，冲动性强，情绪、行为缺乏抑制。

6. 卡根的抑制－非抑制说　　>> TIPS ⑤

卡根根据婴儿的行为抑制性，把婴儿划分为抑制型、非抑制型

TIPS ②

迄今为止最有影响力的气质研究即托马斯、切斯的追踪研究。这也是迄今持续时间最长、研究最全面的气质研究。他们认为，婴儿气质的差异主要体现在九个方面：①活动水平；②生物节律性；③注意转移；④注意广度或持久性；⑤趋向与退缩；⑥适应性；⑦反应强度；⑧反应阈限；⑨心境。

TIPS ③

在这三种气质类型中，最吸引研究者注意的是困难型。一般认为，这类气质的婴儿在成长过程中最有可能出现适应困难，在儿童早期和中期表现出焦虑性退缩和攻击性行为。

TIPS ④

迟缓型儿童在早期一般很少出现问题，在上学前后往往表现出过分的恐惧、迟缓而拘谨的行为。

TIPS ⑤

行为抑制性即个体面对陌生环境和陌生人时的退缩倾向的气质特征。

两种气质类型。

①抑制型婴儿：拘束克制，谨慎小心，温和谦让。

②非抑制型婴儿：无拘无束，自由自在，精力旺盛，自发冲动。

知识点 2 气质的稳定性与可变性 ★

1. 气质的稳定性 » TIPS ⑥

气质具有中等程度的稳定性，这与特定的遗传和生理机制有关。"禀性难移"即指气质的稳定性。

2. 气质的可变性 » TIPS ⑦

气质虽然是比较稳定的个性心理特征，但其在后天生活环境和教育影响的作用下，在一定程度上也是可以改变的。父母的养育方式、文化、价值观等都会引起气质的改变。

知识点 3 气质对早期教养和发展的意义 ★★

（1）气质对婴儿的认知发展、情绪控制和行为调节等方面均具有有效的预测作用。

（2）婴儿气质对早期教养的影响主要表现为不同气质类型的婴儿对早期教养的适应性和要求不尽相同。

①容易型婴儿对各种教养方式都容易适应，但当婴儿在家里接受的父母的期望和规则与幼儿园新环境中的要求有出入时，婴儿可能会陷入进退两难、无所适从的境地，从而导致行为问题或发展障碍。

②困难型婴儿的父母一开始就面临着早期教养和亲子关系的问题，父母只有耐心、有爱心地对待这些孩子，全面考虑他们的气质特点，采取适合他们特点的、有针对性的措施，才能帮助孩子健康、良好地适应和发展。

③迟缓型婴儿教养的关键在于让他们按照自己的速度和特点去适应环境，顺其自然。父母在孩子的尝试过程中提供热情帮助与具体指导，帮助他们更好地适应环境，助力他们更加积极、良好地发展。

（3）研究发现，气质会随着年龄的增长而变化，这说明环境并非总是支持某种气质类型。

托马斯和切斯提出了"拟合优度模型"来描述气质和环境的交互作用如何产生令人满意的结果。他们认为，气质类型的形成，关键在于父母的教养方式是否与婴儿的气质相符合。 » TIPS ⑧

父母的教养方式和婴儿的气质不相符的现象称为拟合劣化，它会助长婴儿的抵抗性和充满冲突的人格。

TIPS ⑥

例如，害羞的婴儿很少会变得非常善于交际，易怒的婴儿也很少会变成随和的人。

TIPS ⑦

婴儿的神经系统和心理活动都处在不断发展、变化的过程中，且后天环境和教育对婴儿发展的影响也是至关重要的。这种先天因素、后天因素相互作用的结果导致了婴儿气质的可变性。

TIPS ⑧

所谓拟合，是指婴儿的先天气质与其面对的抚养环境之间的匹配。

拟合优度模型提示我们，婴儿有其独特的气质，气质无好坏之分，父母要做的就是提供适合儿童发展的成长环境，给予他们成长的力量，帮助他们迎接成长的挑战。

知识点 4 父母的教养方式 ★★★   ≫ TIPS ⑨

鲍姆令德提出了教养方式的两个维度：要求、反应性。要求指父母是否对孩子的行为建立了适当的标准，并坚持要求孩子去达到这些标准；反应性指对孩子接受和爱的程度，以及对孩子需求的敏感程度。根据这两个维度，父母的教养方式可以分为以下四类。 ≫ TIPS ⑩

1. 权威型

（1）权威型父母会耐心地倾听孩子的观点，并鼓励孩子参与家庭决策；设立恰当的目标，并坚持要求儿童服从和达到这些目标；支持儿童的积极行为，并鼓励儿童成熟、独立和与年龄相符的行为。

（2）在多数情况下，这是最有利于孩子成长的教养方式。在这种教养方式下成长的孩子，社会能力和认知能力都比较出色。

2. 专制型 / 独裁型

（1）专制型父母对孩子的要求很严厉，强加给儿童一些不经解释的规矩，提出很高的行为标准，这些标准和要求甚至于不近情理，孩子没有丝毫讨价还价的权利。如果儿童出现稍许的抵触，父母就会采取体罚或其他惩罚措施。

（2）在这种教养方式下成长的儿童表现出较多的焦虑、退缩等负面的情绪和行为，往往感觉不快乐，适应不良。但这类儿童在学校中往往有较好的表现，较少出现反社会行为。

3. 放纵型 / 放任型 / 溺爱型

（1）放纵型父母对孩子充满了爱与期望，积极地投入孩子的养育中，但是却忘记了孩子社会化的任务，他们很少对孩子提出什么要求或施加任何控制，允许孩子想做什么就做什么。儿童很难学习到自我控制，甚至会为所欲为。

（2）在这种教养方式下成长的孩子表现得很不成熟，自我控制能力差，以自我为中心、霸道、固执，很难与同龄人相处。

4. 忽视型 / 冷漠型

（1）忽视型父母对孩子的成长表现出漠不关心的态度，他们既不会对孩子提出什么要求和行为标准，也不会表现出对孩子的关心。

（2）在这种教养方式下成长的孩子，社交能力不强，自控和独立能力都较差。而且，他们自尊水平较低，不成熟，与家庭疏远。进入青春期后，他们可能出现旷课和犯罪行为。

TIPS ⑨

在"发展心理学"部分，教养方式分为权威型、专制型、放纵型、忽视型四种，且权威型最好。但在"普通心理学"部分的人格一章，教养方式分为专制型、放纵型、民主型三种，且民主型最好，这一区别可能是将概念英译中所造成的。"普通心理学"部分对民主型的介绍类似于"发展心理学"部分对权威型的介绍。因此，建议考生在选择题中，将"普通心理学"部分和"发展心理学"部分的表述区分开，而在大题中，按照"发展心理学"部分表述的四种类型作答。

TIPS ⑩

专制型父母控制有余，爱得不足；放纵型父母控制不足，爱得不理智（溺爱、娇宠）；忽视型父母既不控制也不爱；只有权威型父母对孩子提出较合理的要求，对孩子的成长表现出关注和爱。

本节小结

婴儿出生后，就表现出了各自的气质特点。正是气质让婴儿生来就显得各不相同，此后气质也成为儿童人格发展的基础。根据不同的划分标准，婴儿的气质可分为不同类型，其中最具代表性的是托马斯、切斯划分的三种类型：容易型、困难型、迟缓型。虽然婴儿的气质表现出稳定性，但其发展同样依赖于环境和教育，因此也具有可变性。气质对早期教养和发展具有重要意义，气质和环境之间的交互作用则可以用"拟合优度模型"来进行描述。不同气质类型的儿童对父母教养方式的需求不同，鲍姆令德根据反应性和要求，将父母教养方式分为权威、专制、放任和忽视四种类型。

第六节　婴儿社会性的发展

知识点 1　婴儿的情绪发展 ★

婴儿出生后不仅有情绪，而且已初步分化。新生儿的情绪基本上都是生理性的，是一种原始的、本能的反应。随后婴儿在人际交往中实现着情绪的社会化。

1. 最初的情绪反应

①伊扎德认为，婴儿在出生时有五种不同的情绪：惊奇、伤心、厌恶、最初步的微笑和兴趣。

②孟昭兰认为，新生儿有兴趣、痛苦、厌恶和微笑等四种表情。

2. 婴儿情绪的社会化

（1）社会性微笑

婴儿生来就有笑的反应，但最初的笑是自发性的，它与中枢神经系统皮质下的神经冲动自发发放有关，与脑干或边缘系统的兴奋状态变化有直接联系，这种笑也称内源性笑，常常在没有任何外部刺激的情况下发生。

①5~6周时，婴儿开始对人展露出社会性微笑。社会性微笑的出现是婴儿情绪社会化的开端，社会性微笑通常用来辨别婴儿是否患有孤独症。

②无选择的社会性微笑：从5周到3.5个月，婴儿对人的社会性微笑是不加区分的，他们对主要抚养者或其他成员、陌生人的微笑都是一样的。

③有选择的社会性微笑：从3.5个月尤其是4个月开始，婴儿会对不同的人展露出不同的微笑。这是社会性微笑的进一步发展，也是真正意义上的社会性微笑。

（2）陌生人焦虑和分离焦虑

6~8个月时，婴儿出现一种对看护者、熟悉者的依恋，并随之产生陌生人焦虑和分离焦虑等。

①陌生人焦虑（怯生）：随着母婴关系的日益亲密，婴儿能很好地把主要抚养者（通常是母亲）和陌生人区分开来，陌生人的出现便会引起婴儿的恐惧、焦虑。

②分离焦虑：婴儿与某个人产生了亲密的情感联结后，又要与之分离，就会表现出伤心、痛苦、拒绝分离。

（3）社会性情感

① 1岁左右，婴儿开始表现出更复杂、更高级的社会性情感，如尴尬和害羞等。这些情绪有时候被称为自我意识性情绪，因为它们都在一定程度上源于对自我感觉的降低或提升。　　》TIPS ①

② 1.5岁时，各种最初的情绪反应不断分化、发展。例如，哭逐渐分化成因饥饿、寒冷、疼痛等引起的哭。

（4）情绪的社会性参照　　》TIPS ②

情绪的社会性参照是在婴儿发展的特定时期发生的人际情绪的交流和对他人情绪信息的利用，是在一种特定情境中产生的特定情绪交流模式。当婴儿处于陌生的、不能肯定的情境时，他们往往从成人的面孔上搜寻表情信息，然后决定自己的行动。

知识点 2　婴儿的依恋 ★★★

1. 依恋的含义

依恋为婴儿与主要抚养者（通常是母亲）之间最初的社会性联结，也是情感社会化的重要标志。分离焦虑和陌生人焦虑是依恋形成的两个重要标志。

2. 依恋产生的原因（依恋理论）

（1）精神分析理论　　》TIPS ③

精神分析的理论把依恋看作早期儿童对可能够满足生理需要、提供快乐与舒适的父母形成的一种情感联系，强调生物学因素在依恋建立和发展中的决定作用，把喂养作为依恋形成的起源。

（2）学习理论　　》TIPS ④

学习理论认为依恋是儿童与母亲之间基于相互强化与报偿而建立起来的双向社会关系。它主要强调依恋的社会发生性，摒弃了本能力量在儿童早期亲子关系中的绝对支配地位，注重亲子双方社会经验的相互作用。其中，依恋的驱力消退模型认为，哺育是母婴关系的核心，它降低了儿童的内驱力及其引起的紧张，这说明了喂养是依恋关系建立的主要途径。

（3）认知发展理论

认知发展理论关注依恋发展的认知基础——婴儿认知水平的发

TIPS ①

自我意识性情绪的出现要晚于基本情绪。伊扎德认为，自我意识性情绪具有基本情绪的某些特征，但要高于基本情绪。

TIPS ②

例如，如果母亲对两个新玩具的其中一个表示厌恶，对另一个则没有，那么1岁的婴儿就会避开引起母亲厌恶的玩具，对另一个玩具则不会回避。

TIPS ③

例如，母亲可以通过哺乳满足婴儿的口唇需要，从而成为婴儿的主要依恋对象。

TIPS ④

哈洛等研究者为了验证婴儿依恋的影响因素，设计了别具一格的"恒河猴实验"。他们制作了两种人造母猴："绒布母猴"和"金属母猴"。除了材质不同外，两者都装有可供幼猴吸吮的奶瓶，这就将喂养的作用和接触安慰的作用分离开来。幼猴可以自由选择接近哪一只人造母猴。实验结果显示，不论绒布母猴是否供应食物，幼猴除了吃奶时间之外，大部分时间是与绒布母猴在一起度过的。这表明，除了喂养之外，"接触安慰"在幼猴对母猴产生依恋的过程中起着重要作用。

展。在依恋出现之前，婴儿必须学会区分熟悉的人与陌生的人，他还必须确认熟悉的人会"永久性"地存在（客体永久性）。因此，依恋总是出现在婴儿7~9个月大时。

（4）习性学理论

习性学理论从进化论的角度出发，假设所有生物天生就有一系列有利于物种生存的本能倾向。该理论认为，依恋的生物功能在于保护幼小的后代，而心理功能在于提供某种安全感。

3. 依恋的发展阶段 >> TIPS ⑤

（1）无差别的社会反应阶段（从出生到3个月）

这个时期婴儿对人的反应的最大特点是不加区分、无差别的反应。婴儿对所有人的反应几乎都是一样的，喜欢所有的人，喜欢听到所有人的声音、注意所有人的脸，看到人的脸或听到人的声音都会微笑，手舞足蹈。

（2）有差别的社会反应阶段（3~6个月）

这时婴儿对人的反应有了区别，对人的反应有所选择，对母亲更为偏爱，对母亲和他所熟悉的人的反应与对陌生人的反应是不同的。

（3）特殊的情绪联结阶段（6个月到2岁）

婴儿对母亲的存在更加关切，特别愿意与母亲在一起，与母亲在一起时特别高兴，而当母亲离开时则哭喊，不让离开，别人还不能替代母亲使婴儿快活。

（4）目标调整的伙伴关系阶段（2岁以后）

2岁后，婴儿能认识并理解母亲的情感、需要、愿望，知道她爱自己，不会抛弃自己，并知道交往时应考虑母亲的需要和兴趣，据此调整自己的情绪和行为反应。

4. 依恋的研究方法和类型

（1）依恋的研究方法

安斯沃斯等人提出的陌生情境测验，是研究婴儿依恋和情感发展的较有效且应用较广的方法之一。该测验创设了一系列标准事件用来考察儿童的行为反应。陌生情境测验示意图如图4-2所示。

图4-2 陌生情境测验示意图

TIPS ⑤

不同版本的教材对依恋发展阶段的划分不同，如刘金花版本教材将第3、4阶段合并为"积极寻求与专门照顾者接近的阶段"，周宗奎版本教材还介绍了谢弗、鲍尔贝等人不同的划分方式。建议考生按照目标院校指定的参考书进行记忆。本书的表述主要参照林崇德版本教材中的四个阶段。

陌生情境测验包括八个连续的阶段，用来评价婴儿的依恋质量和类型。该测验主要考察婴儿在以下情境下的表现。

①在<u>自然情境</u>中，婴儿在玩玩具时与看护者之间的互动，目的是考察婴儿是否将看护者作为自己探索环境的安全基地；

②暂时<u>与看护者分离</u>，陌生人进入，这种情境往往会给婴儿带来压力，让他们感到不安；

③<u>与看护者重聚</u>，目的是考察承受压力的婴儿能否从看护者那里获得安慰和安全感，并重新探索环境。

通过记录和分析婴儿在这些情境中的反映，确定婴儿与看护者之间的依恋质量。 >> TIPS ⑥

TIPS ⑥

陌生情境测验包括三个主体（婴儿、母亲、陌生人），两种人际关系（婴儿与母亲、婴儿与陌生人），四种主要情境（亲子分离、重聚、陌生人在场、陌生人离开）。

（2）依恋的类型

<u>安斯沃斯</u>根据婴儿在<u>陌生情境测验</u>中的不同反应，将婴儿的依恋分为三种类型：安全型依恋、回避型依恋和反抗型依恋。

①安全型依恋

当母亲在场时，这类婴儿会把<u>母亲当作安全基地</u>，独自探索周围的环境。母亲离开会引起他们明显的不安和焦虑，但当母亲回来时，他们会有温暖的回应，与母亲进行身体接触。在陌生环境中，母亲在场时，对陌生人的反应也比较积极。

②回避型依恋

这类婴儿<u>对母亲在不在场都无所谓</u>，对母亲没有依恋。母亲离开时，他们并不表示反抗，很少有紧张、不安的表现；当母亲回来时，他们也往往不予理会，表示忽略而不是高兴，自己玩自己的。他们对陌生人比较友善，但有时也会像忽视自己的母亲那样回避和忽视陌生人。

③反抗型依恋（矛盾型依恋）

这类婴儿在母亲要离开前就显得很警惕，<u>当母亲离开时表现得非常苦恼、极度反抗</u>。但<u>当母亲回来时，其对母亲的态度又是矛盾的</u>，既寻求与母亲的接触，但同时又反抗与母亲的接触。他们对陌生人保持戒备，甚至母亲在场时也如此。

其中，安全型依恋为良好、积极的依恋，而回避型和反抗型依恋又被称为不安全型依恋，是消极、不良的依恋。后来的一些研究者在研究中还发现了第四种类型的依恋，即<u>混乱型不安全依恋</u>，这是最不安全的依恋类型。

6. 影响依恋的因素

（1）抚养质量——母亲的敏感性和反应性

在育儿过程中，母亲的敏感性和反应性是影响依恋的重要因素。敏感性是指母亲对儿童需求信号的敏锐觉察；反应性是指母亲根据儿童所发出的需求信息，恰当、及时、一致地予以满足。

（2）儿童的特点　　　　　　　　　　　　>> TIPS ⑦

依恋作为儿童与父母之间的双向关系，会受到儿童自身特点的影响。这种影响主要来自三个方面：外在的体貌特征、身体的健康状况和内在的气质特点。

（3）文化因素

依恋类型以及各类型在人群中的比例存在着文化差异。

7. 依恋对个体心理发展的影响

依恋是儿童早期出现的心理模式之一，对个体未来心理发展具有重要的影响。

①依恋是个体最早形成的**人际关系**，影响其日后人际关系的建立。　　　　　　　　　　　　　　　　　　>> TIPS ⑧

②依恋影响未来的**心理健康**。

③依恋具有**传递性**，会影响到个体成人后与自己孩子的抚养关系。

知识点 3　早期同伴交往 ★★　　　　　>> TIPS ⑨

1. 早期同伴交往的三阶段说

婴儿从出生后的后半年起，开始出现真正意义上的同伴社交行为。婴儿早期的同伴交往分为三个阶段。

①**"以客体为中心"**阶段：婴儿互不理睬，只有短暂接触。交往更多地集中在玩具或物品上，而不是对方。

②**"简单交往"**阶段：婴儿通过社交指向行为积极寻找同伴，同时也对同伴的行为做出反应，经常企图去控制另一个婴儿的行为。

③**"互补性交往"**阶段：相互影响的持续时间更长，内容和形式也更复杂，出现了合作游戏、互补或互惠的行为，其中，相互模仿比较普遍。最主要的特征是同伴之间社会性游戏的数量有了明显增长。

2. 早期同伴交往的四阶段说

心理学家缪勒、范德从社会技能发展的角度，把婴儿早期同伴交往划分为**简单社交行为**、**社交性相互影响**、**同伴游戏**、**早期友谊**四个阶段。

在婴儿同伴交往之间的游戏中，有四个显著特征，即**主动加入**、**轮流替换**、**重复**、**灵活性**。通过这些游戏，同伴之间的交往得到发展，出现了最初的友谊。

知识点 4　婴儿自我的发展 ★

阿姆斯特丹利用研究黑猩猩自我再认的**"红点子"**方法，来确

TIPS ⑦

例如，父母喜欢容易照看的婴儿，这类婴儿与养育者容易形成安全型依恋，难以照看的婴儿会给父母带来很多困扰，会影响父母的耐心，不利于形成安全型依恋。

TIPS ⑧

鲍尔比认为，个体早期与主要照料者的生活体验会促使其对自我、世界，以及自我和外界之间的关联产生期待和信念，形成心理表征。这种表征一旦形成，就会对个体在依恋关系中的认知、情感和行为反应模式产生重要的影响，成为个体理解并预测环境，做出生存适应反应，建立并保持心理安全感的基础。这种表征会成为未来所有亲密关系的范型，并贯穿儿童期、青春期和成人期。

TIPS ⑨

虽然同伴对婴儿来说是一种有趣的、可以为其带来快乐的社会对象，但对这一时期的婴儿来说，最为重要的社会关系还是依恋，即与父母建立的情感联结，尤其重要的是母子关系。

认婴儿是否拥有将自己当作客体来认识的能力。哈特在前人研究的基础之上提出主体我和客体我的发展模式共分为五个阶段。

1. 主体我的发展

（1）1.5~8个月的婴儿表现出对镜像的兴趣，但未意识到自己的镜像与他人镜像的区别，这说明其还未萌生自我认知；

（2）9~12个月的婴儿表现出对自己作为活动主体的认识，该阶段主体我初步产生；

（3）12~15个月的婴儿能够将自己和他人的镜像区分开，该阶段**主体我**得到了明确的发展。

2. 客体我的发展

（1）15~18个月的婴儿开始将自己作为客体来认识；

（2）18~24个月的婴儿能够意识到自己的独特特征，能从客体中认识自己，这说明婴儿已经具备明确的**客体我**。

> **本节小结**
>
> 本节介绍婴儿社会性的发展，其可分为情绪、依恋、早期同伴交往三个方面的发展。在生命早期，婴儿与主要抚养者形成了亲密情感联系，即依恋关系。除了早期建立的依恋关系外，婴儿还会发展早期的同伴交往。此外，婴儿自我开始了早期的发展，婴儿逐渐具备明确的客体我。

名词总结

大脑单侧化	先天遗传论	后天学习论	相互作用论
电报句	词语爆炸	词义的扩大	词义的缩小
过度规则化	联合知觉	视觉偏好	习惯化
去习惯化	视崖实验	拟合优度模型	教养方式
社会性微笑	陌生人焦虑	分离焦虑	自我意识性情绪
情绪的社会性参照		依恋	陌生情境测验

第五章 幼儿的心理发展

知识导读

幼儿期指儿童从3岁到6岁或7岁这一时期，又称学前期。幼儿身体的各个方面在这个时期都有了进一步的发展，特别是大脑结构和机能的成熟，为幼儿心理的发展提供了直接的生理基础。游戏在这一时期成为幼儿的主导活动，是促进幼儿心理发展的最好形式。幼儿的言语能力在不断发展，这使得他们能更好地表达或解释自己的想法和愿望。幼儿的认知活动带有明显的具体形象性和不随意性，抽象概括性和随意性也开始发展。同时，幼儿最初的个性倾向开始形成，社会性进一步发展。

本章内容属于考试重点。第一节到第三节的内容多以选择题、简答题等形式进行考查；第四、五节的内容则常见于论述题、综合题题型，尤以幼儿思维的发展、道德认知的发展为重中之重，考生需要在熟练掌握的基础上，能够运用理论解决实际问题。

知识地图

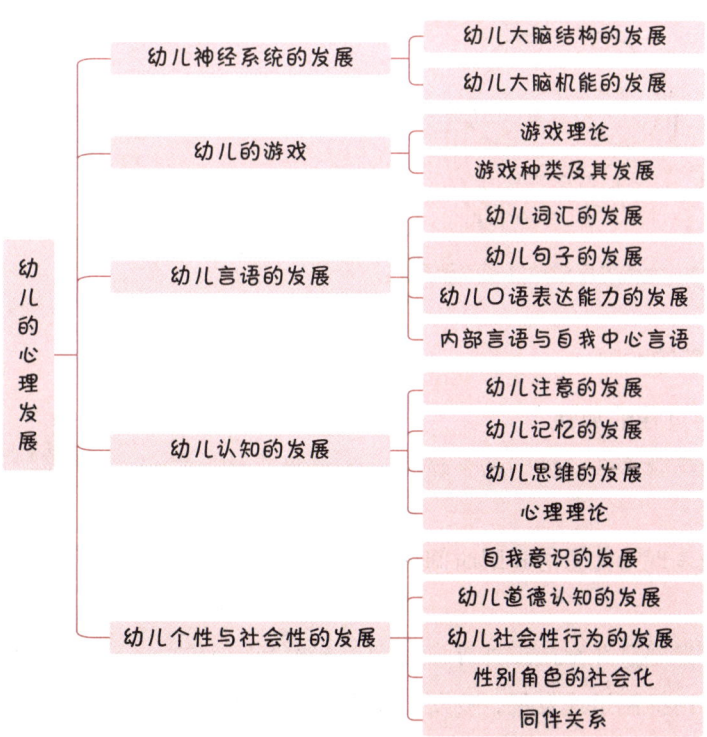

知识精讲

第一节　幼儿神经系统的发展

知识点 1　幼儿大脑结构的发展 ★

1. 脑重继续增加

幼儿期是儿童大脑发育最快的时期。7岁时儿童的脑重基本接近成人的脑重。

2. 大脑皮质结构日趋复杂化

①神经纤维增长。

②额叶表面积的增长率在2岁左右达到高峰，在5~7岁时又有明显加快。

③神经纤维的髓鞘化基本完成。

3. 脑电波的变化　》TIPS ①

①由 δ 波和 θ 波逐渐向 α 波过渡，7岁之后 α 波逐渐占主导地位。

②脑电发展存在两个明显的加速期：5~6岁是枕叶 α 波与 θ 波间斗争最剧烈的时期；13~14岁时，除额叶外，整个皮质的 α 波与 θ 波间的斗争基本结束。

③脑电图的变化表明，大脑各区成熟的顺序是枕叶（O）—颞叶（T）—顶叶（P）—额叶（F），如图5-1所示。

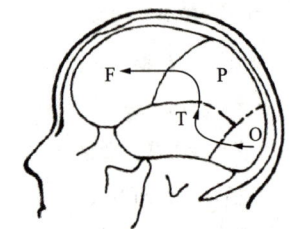

图5-1　大脑各区成熟的顺序示意图

知识点 2　幼儿大脑机能的发展 ★

1. 皮质兴奋和抑制过程的加强　》TIPS ②

兴奋和抑制过程是高级神经活动的基本过程，这两种过程随着年龄的增长而加强。

①兴奋过程的加强表现为儿童的睡眠时间逐渐减少，清醒时间相对延长。

②皮质抑制机能的发展是儿童认识外界事物和调节控制行为的生理前提。从4岁起，内抑制迅速发展，皮质对皮下的控制和调节

TIPS 1

在安静条件下，脑电波以 α 波为主，α 波是人脑成熟的一个标志。

TIPS 2

对幼儿过高的抑制要求，如要求幼儿长时间集中注意力于单调乏味的课业，往往会引起高级神经活动的紊乱。这也是学校每节课的课时设置为40分钟左右的原因。

作用逐渐加强。但总的来说，幼儿此时的抑制机能还较弱。

2. 大脑单侧化优势的加强

幼儿脑的发育还表现在脑的单侧化优势的形成和加强上，与左半球有关的语言认知技能、与右半球有关的空间技能均得到迅速发展。

对于大多数儿童而言，在3~6岁，左半球发展加速，6岁后转向平稳；而右半球成熟的速度在幼儿期和小学阶段都比较慢。

大脑两半球成熟的速度不同，表现为两半球功能的不对称性或大脑单侧化优势的加强。

> **本节小结**
>
> 在幼儿时期，神经系统的发展主要体现在大脑结构和机能的发展上。其中，大脑结构的发展包括脑重、皮质结构和脑电波的变化；大脑机能的发展包括皮质兴奋和抑制过程的加强、大脑单侧化优势的加强。

第二节　幼儿的游戏

知识点 1　游戏理论 ★

1. 早期游戏理论　　　　　　　　　» TIPS ①

①霍尔——复演说：游戏是远古时代人类祖先的生活特征在儿童身上的重演。

②席勒、斯宾塞——精力过剩说：游戏是儿童借以发泄体内过剩精力的一种方式。

③彪勒夫妇——机能快乐说：游戏是儿童从中获得机体愉快的手段。

④格罗斯——生活准备说：游戏是儿童对未来生活的无意识准备，是一种本能的练习活动。生活准备说强调游戏的功能。

⑤拉扎勒斯、帕特瑞克——娱乐放松说：游戏来自快乐的满足和放松的需要。

⑥博伊千介克——成熟说：游戏是一般欲望（自由、主动发展、适应环境）的表现。

2. 当代游戏理论

（1）精神分析理论　　　　　　　　　» TIPS ②

①弗洛伊德的游戏补偿论：游戏也有潜意识成分，它是补偿现实生活中不能满足的愿望和克服创伤性事件的手段。在游戏中，儿童可以逃离现实的约束，发泄在现实生活中不被接受的危险冲动，缓和心理紧张。

TIPS ①

早期游戏理论是在达尔文进化论的影响下产生的，都有浓厚的生物学色彩。其理论观点主要是思辨性的，不是建立在科学研究的基础上。

TIPS ②

例如，孩子给娃娃"打针"，就是在帮助自己克服打针时产生的恐惧感。

②埃里克森的掌握论：游戏是自我的技能，是情感和思想的一种健康的发泄方式。在游戏中，儿童可以体验快乐，也可以修复精神创伤。 >> TIPS ③

（2）认知动力说

皮亚杰认为，游戏是儿童学习新的复杂的客体和事件的方法，是巩固、扩大概念和技能的方法，是思维和行动相结合的方法。在游戏中，儿童并不发展新的认知结构（顺应），而是努力使自己的经验适合于先前存在的结构（同化）。儿童的认知发展水平决定着儿童的游戏水平。

（3）学习理论

桑代克认为游戏也是一种学习行为，遵循效果律和练习律，受到社会文化和教育要求的影响，游戏中反映着各种文化和亚文化对不同类型行为的重视程度和奖励的差异。

（4）中国心理学家的观点

朱智贤认为，游戏是一种适合幼儿特点的独特的活动方法，也是促进幼儿心理发展的一种最好的活动方式。

第一，游戏具有社会性。它是人的社会活动的一种初级模拟形式，反映了儿童周围的社会生活。

第二，游戏是想象与现实生活的一种独特结合。它不是社会生活简单的翻版。在游戏中，儿童既能利用假想情境自由地从事自己向往的各种活动（如过家家、打针等），又能不受真实生活中许多条件的限制（如体力、技能、工具等）；既可以充分展开想象的翅膀，又可以真实再现和体验成人生活中的感受及人际关系，认识周围的各种事物。

第三，游戏是儿童主动参与的、伴有愉悦体验的活动。它既不像劳动那样要求创造财富，又不像学习那样具有强制的义务性，因此深受儿童喜爱。

第四，儿童在游戏中学习，在游戏中成长。通过各种游戏活动，幼儿不但练习各种基本动作，使运动器官得到很好的发展，而且认知和社会交往能力也能够更快、更好地发展。游戏还帮助儿童学会表达和控制情绪，处理焦虑和内心冲突，对培养良好的个性品质同样有着重要的作用。游戏不仅是幼儿的主导活动，也是幼儿教育的重要手段。

（5）其他理论

①觉醒理论：代表人物为伯莱恩、艾利斯、哈特、费恩。他们认为游戏与中枢神经系统活动状态——觉醒有关。游戏是内部动机引起的行为，是由于机体需要寻求刺激，以维持和调节中枢神经系

精神分析学派所提出的游戏理论已被应用于投射技术和心理治疗中，并据此发展起来了一种利用游戏手段来矫正儿童心理与行为异常的方法，即游戏疗法。

统的觉醒水平。

②**元交际理论**：代表人物是贝特森。他强调游戏的信息交流特点。所谓"元交际"就是对交流信息的意识，如果意识到"是在游戏"，就是觉察到在和别人交际。

③**行为适应说**：代表人物是萨顿·史密斯。他认为游戏有利于发展行为的适应性，强调象征性游戏中的"假装"的作用。

知识点 2　游戏种类及其发展 ★

1. 根据游戏的目的划分

根据游戏的**目的**进行分类，幼儿游戏主要有创造性游戏、教学游戏和活动性游戏。

①**创造性游戏**：包括角色游戏、建筑性游戏、表演游戏等，是由儿童独自想出来的游戏，具有明显的主题、目的、角色分配，有游戏规则，内容丰富、情节曲折多样，有利于发展儿童的主动性和创造性。

②**教学游戏**：结合教学目的而从事的游戏活动，可以丰富知识、发展智力。　　　　　　　　　　　　　　　　　》TIPS ④

③**活动性游戏**：能发展儿童的体力，可使儿童掌握各种基本动作，提高儿童的身体素质并培养勇敢、坚毅、合作、关心集体等个性品质。

2. 根据认知发展阶段划分

皮亚杰根据儿童的认知发展阶段，把游戏分为练习游戏、象征性游戏和有规则的游戏。

①**练习游戏**：最早出现、最低级的一种游戏形式，处于**感知运算阶段**的儿童主要进行此类游戏。练习游戏主要由简单的重复动作组成，几乎没有任何想象的成分，游戏内容简单贫乏。》TIPS ⑤

②**象征性游戏（假装游戏）**：使用某一物体或某人来代替真实的、不在身边的对象，处于**前运算阶段**的儿童主要进行此类游戏。此时儿童已经发展出表象与言语功能，能够想象不存在的东西，可以理解假装活动。　　　　　　　　　　　　　　　　　》TIPS ⑥

③**有规则的游戏**：按照一定规则进行的、带有竞争性质的最高级游戏形式，处于**具体运算阶段**的儿童能够制定、理解和遵守游戏的规则。　　　　　　　　　　　　　　　　　　　》TIPS ⑦

3. 根据社会性发展水平划分　　　　　　　》TIPS ⑧

帕滕根据儿童社会性发展水平把游戏分为六种：空闲游戏、旁观游戏、单独游戏、平行游戏、联合游戏和合作游戏。

①**空闲游戏（无所用心的行为）**：表现为一种无目的的活动，

幼儿园老师让幼儿学会用"七巧板"拼出基础几何图形就是一种有计划的教学游戏。

例如，儿童看见桌子上的茶杯、镜子或汤匙时，就会拿起来玩。

例如：过家家、将一排凳子当作火车、警察和小偷等游戏。假装游戏对儿童的心理发展具有特殊的意义，皮亚杰称之为"儿童游戏的高峰"。

例如，在玩捉迷藏游戏时，处于具体运算阶段的儿童能遵守要隐蔽起来的规则，3~4岁的幼儿则往往在藏起来两三分钟之后就大喊"我在这儿"而暴露自己。

帕滕对游戏的分类也可概括为三个阶段：非社会性游戏（空闲游戏、旁观游戏、单独游戏）、平行游戏、社会性游戏（联合游戏、合作游戏）。这三个阶段随着幼儿年龄的增长依次出现，但这并不意味着后者的发展要替代前者。在学前期，这三个阶段的游戏行为是共存的。

儿童只是暂时性地观察一下感兴趣的事情，似乎并没有玩耍。

②**旁观游戏（旁观者行为）**：儿童长时间在游戏圈外观察其他儿童游戏，但自己并不参与其中。

③**单独游戏**：儿童独自玩耍，与周围的同伴没有交流也不互相接近。

④**平行游戏（集合游戏）**：这是3~4岁儿童主要的游戏特点。儿童在一起玩相似的游戏，但彼此间不交流，也不会对对方产生任何影响。

⑤**联合游戏**：一种没有组织的游戏。儿童在游戏的过程中开始彼此间交流，可能互相谈论自己的游戏、互借玩具并试图控制他人等，但游戏的内容没有本质差别，没有组织分工。

⑥**合作游戏**：有组织、规则和组织者的游戏，是个体间更高级的互动，是儿童社会化程度最高的游戏。这种游戏始于幼儿中期，5岁后比例增加。

> **本节小结**
> 游戏是幼儿期的主导活动，它是幼儿了解自我和社会世界的一种方式，也是幼儿与同伴互动的主要方式。本节主要介绍早期和当代的游戏理论、游戏的分类及作用。本节内容常以选择题形式出现在考试中，因此考生在复习时重在把握知识点细节。

第三节　幼儿言语的发展

知识点 1　幼儿词汇的发展 ★

1. 词汇量的增加

幼儿期是词汇量增加最快的时期。一般来说，幼儿的词汇量呈直线上升的趋势，3~4岁幼儿词汇量的年增长率最高。

2. 词汇内容的丰富和深化

幼儿词汇的抽象性和概括性在增加，这使幼儿有了进行初步抽象思维的可能性。

3. 词类范围的扩大

幼儿掌握的词类范围日益扩大，其顺序与概念发展有着密切关系。幼儿一般按照"实词（名词—动词—形容词）—虚词（连词、介词、助词、语气词）"的顺序掌握词汇。

4. 积极词汇的增多

积极词汇指幼儿既能理解又能正确使用的词汇；消极词汇指幼儿不能理解或有些理解，但不能正确使用的词汇。幼儿期儿童的积极词汇增多。

知识点 2　幼儿句子的发展 ★

1. 从简单句到复合句

复合句是指由两个或两个以上的意思关联比较密切的单句合成的句子。幼儿主要使用简单句，随着年龄的增长，复合句所占比例逐渐增加。

2. 从陈述句到多种形式的句子

儿童最初掌握的是陈述句，到幼儿期，疑问句、祈使句、感叹句等逐渐增加，但幼儿对较复杂的句子尚不能完全理解。>> TIPS ①

3. 从无修饰句到有修饰句

儿童最初的单句是没有修饰语的，以后便出现了简单修饰语和复杂修饰语。

4. 从不完整句到完整句

儿童已经能够说出合乎语法的句子，但只是从言语习惯上掌握了它，并未把语法当作认知对象。

知识点 3　幼儿口语表达能力的发展 ★

幼儿的口语表达能力随年龄增长而逐渐提高，3~5岁是幼儿口语表达能力发展的快速期。连贯言语和独白言语的发展是儿童口语表达能力发展的重要标志。口语表达能力的发展既有利于幼儿内部言语的产生，也为今后入学接受正规教育，掌握书面言语奠定了基础。

1. 由对话言语向独白言语发展　　　　　　>> TIPS ②

3岁前，儿童与成人的言语交际主要是对话言语。到了幼儿期，随着儿童活动的发展和独立性的增加，幼儿渴望把自己的各种体验、印象等告诉成人，从而促进了幼儿独白言语的发展。

2. 由情境言语向连贯言语发展

幼儿初期，儿童的言语表达具有情境性的特点，往往想到什么说什么，缺乏条理性、连贯性。随着年龄增长，情境言语的比重逐渐下降，连贯言语的比重逐渐上升。

知识点 4　内部言语与自我中心言语 ★

1. 内部言语的含义

内部言语是言语的高级形式，它是在外部言语的基础上产生的。幼儿期是外部言语向内部言语过渡的时期。

2. 自我中心言语的含义和种类　　　　　　>> TIPS ③

皮亚杰认为，自我中心言语是一种介于有声言语和内部言语之

例如，4或5岁儿童还不能很好地理解被动语态句和双重否定句。

由于幼儿词汇贫乏，特别是虚词掌握的水平低，幼儿的独白言语会因常常停顿或多余的口头语而显得不流畅。在正确的教育之下，到幼儿末期，幼儿言语的流畅性会有显著发展。

维果茨基反对皮亚杰将幼儿的自我言语看作自我中心言语的观点。他认为自我言语也是一种社会性言语，是从出声思维向内部言语思维转化的中介，是由言语的交际机能向言语的自我调节机能转化的一种过渡状态。这种观点得到了更多人的认可。

间的言语形式，即出声的自言自语。自我中心言语是儿童自我中心思维的表现，是非社会性的言语。皮亚杰将儿童的自我中心言语划分为三类：

①**重复**：重复说出自己所听到的字词，模仿各种音节和声音。

②**独白**：自言自语，大声地对自己讲话。

③**集体独白**：群体中每个人都在讲自己的话，儿童并不听其他人讲什么，其他人也不听他讲话。在幼儿的自我中心言语中，集体独白所占比例最大。

大约在6或7岁时，儿童的自我中心言语逐渐为社会性言语所替代。

> **本节小结**
>
> 幼儿期是儿童言语不断丰富的时期，是儿童熟练掌握口头言语的关键时期，也是儿童言语从外部过渡到内部并掌握书面言语的时期。这一时期言语的发展主要体现在四个方面：词汇的发展、句子的发展、口语表达能力的发展以及自我中心言语的发展。

第四节　幼儿认知的发展

知识点 1　幼儿注意的发展 ★

1. 无意注意为主，有意注意开始发展

（1）无意注意为主

幼儿的无意注意有以下特点。

①刺激物本身的特点是引起幼儿无意注意的主要因素。

②与幼儿的兴趣和需要有密切关系的事物，逐渐成为引起幼儿无意注意的原因。

（2）有意注意开始发展

在教育影响下，幼儿的有意注意逐步形成和发展。但整个幼儿期，儿童有意注意的发展水平较低，稳定性差，需要成人合理地组织、引导。

幼儿的有意注意有以下特点。

①幼儿的有意注意随年龄的增长、生理的成熟而开始发展，但发展水平较低。儿童在幼儿初期还不善于按照成人的要求，有目的地控制自己的行为。　　　　　　　　　　　

②幼儿的有意注意是在外界环境，特别是成人的要求下发展的。

③幼儿的有意注意是在一定的活动中实现的，多种感官的协同活动可以提高有意注意的水平。

如在组织儿童观察时，小班儿童往往被有趣事物吸引而忘记观察任务，到了大班，儿童可以根据教师的要求去完成任务。

2. 注意品质的发展

注意品质的发展表现在以下几个方面：

①注意范围不断扩大；

②注意稳定性不断提高；

③注意分配和注意转移能力不断增强；

④开始使用注意策略。

知识点 2　幼儿记忆的发展 ★

与婴儿期相比，幼儿的信息储存容量相应增加，幼儿对信息的接收和编码方式也在不断改进，记忆策略和元记忆初步形成。

1. 记忆容量的增加

一般认为，儿童的**记忆容量随年龄增长而增加**。

2. 无意记忆和有意记忆的发展

对于幼儿初期的儿童，**无意记忆占优势**。在教育的影响下，幼儿晚期的儿童有意记忆和追忆的能力才逐步发展起来。**直到小学阶段，有意记忆才赶得上无意记忆**。有意记忆的出现标志着儿童记忆发展上的一个质变。

3. 形象记忆和语词记忆的发展

形象记忆是根据具体的形象来记忆各种材料，语词记忆则是通过语言的形式来识记材料。幼儿初期儿童的记忆带有很强的直观形象性，词的逻辑识记能力还很差。随着言语的发展，儿童的语词记忆也在发展，但在整个幼儿期，**形象记忆仍占主要地位**。

4. 自传式记忆的发展　　》TIPS ②

自传式记忆是指对个人特别重要的经历的回忆。儿童的自传式记忆在3岁以后才有一定的准确性，而其准确性在随后的整个幼儿期逐步缓慢地提高。但是，婴幼儿对事件的记忆非常容易被误导。

5. 记忆策略和元记忆的形成

（1）记忆策略　　》TIPS ③

记忆策略是人们为有效地完成记忆任务而采用的方法或手段。常用的记忆策略有三种，即**复述**、**组织**和**精细加工**。弗拉维尔等人提出了记忆策略发展的三个阶段。

①5岁以前：没有策略；

②5~7岁：不能主动应用策略，经过诱导后可以使用；

③10岁以后：能主动自觉地采用策略。

幼儿一般不会使用记忆策略，通常是按照成人的要求去复述，

TIPS ②

对3岁前发生的事情，儿童长大后往往难以回忆，这就涉及自传式记忆的发展。父母在儿童自传式记忆的发展中发挥着重要的作用。如果父母经常与孩子讨论他们的日常生活经历，如跟儿童谈论"我们今天去哪里了""什么时间去的"等问题，就可以促进儿童自传式记忆的发展。

TIPS ③

①复述策略：例如，儿童为顺利完成打电话的任务，在拨号前重复几遍电话号码。

②组织策略：例如，要求儿童识记汗衫、帽子、苹果、橘子等系列图片，他们就会把图片分类进行记忆。

③精细加工策略：例如，儿童在同时记忆"象"和"针"两个词时，有意地形成某种视觉形象——"一头大象小心翼翼地站在一根针上"，进而把两个词联系起来记忆。

自发运用记忆策略还有困难。训练可以有效改善儿童运用记忆策略的能力。

（2）元记忆

元记忆是一种元认知，是关于记忆过程的知识或认知活动。元记忆知识主要包括：有关记忆主体方面的知识、有关记忆任务方面的知识和有关记忆策略方面的知识。幼儿时期，儿童对元记忆有了初步的认识。

知识点 3 幼儿思维的发展 ★★★

1. 幼儿思维的特点　　　　　　　　　　　》TIPS ④

幼儿思维的主要特点是**具体形象性**和**进行初步抽象概括的可能性**。

（1）**具体形象性占主导**　　　　　　　　》TIPS ⑤

具体形象思维是指儿童的思维主要是凭借事物的具体形象或表象，即凭借具体形象的联想来进行的。根据这种特性，还派生出幼儿思维的经验性、表面性、拟人化等特点。

（2）**抽象逻辑性开始萌芽**　　　　　　　》TIPS ⑥

抽象逻辑思维是指以抽象的概念、判断、推理的形式来反映客观事物的本质特征和内在联系的思维。幼儿中期以后，儿童开始出现抽象逻辑思维的萌芽。

（3）**言语的作用日益增强**

言语在幼儿思维中的作用最初只是行动的总结，然后言语能伴随行动进行，最后才成为行动的计划。思维活动起初主要依靠行动进行，后来主要依靠言语进行，并开始带有逻辑性。

2. 皮亚杰的研究

皮亚杰把 2~7 岁儿童的思维归属于"**前运算阶段**"。处于该阶段的儿童主要是表象性思维，其基本特点是：**相对具体性**、**不可逆性**、**自我中心性**、**刻板性**。

（1）**三山实验**

①实验目的：研究幼儿的自我中心性，探究他们看问题的角度。

②实验材料：一个包括三座假山的模型。三座山以不同的颜色来区分，一座山上有一间房屋，另一座山的山顶上有一个红十字架，还有一座山上覆盖着白雪。

③实验流程：实验者让幼儿坐在桌子的一边，把一个娃娃放在桌子周围的不同位置，桌子上放着假山模型，如图5-2所示。实验者询问幼儿"娃娃看到了什么"，并让他们从相应的图片当中做出选择。

助记口诀：主要是形象，逻辑初萌芽，言语日益强。

①具体性：幼儿的思维内容是具体的。他们能够掌握代表实际东西的概念（如桌子），不易掌握抽象概念（如家具）。

②形象性：幼儿的思维依靠事物在头脑中的形象。比如爷爷总是长着白胡子，奶奶总是头发花白。

抽象逻辑思维主要是运用概念进行判断和推理的智力活动。例如，幼儿能猜中一些简单的谜语，能明白一些简单的因果关系。

图 5-2 三山实验示意图

④实验结果：幼儿无法正确选择娃娃的视角图片，认为娃娃看到的与自己一致。

⑤实验结论：三山实验证明了幼儿思维的自我中心性，即幼儿仅从自己的角度去看问题，相信任何人的观点、想法和情绪体验都和自己是一样的。

>> TIPS ⑦

⑥改进实验：三山实验受到了一部分研究者的批评，他们认为三山实验难度太高。如果选材更为贴近儿童的认知水平，那他们是可以完成的。比如，博克的农场景观模型和休斯的实验证明了当场景是儿童熟悉的、问题是容易解决的时，儿童是能够考虑到别人的观点的。

（2）守恒实验　　　　　　　　　　　　　　　　>> TIPS ⑧

守恒指物质从一种形态转变为另一种形态时，有关物质含量保持不变的认识。下面以液体守恒实验为例，简要介绍守恒实验的流程及其结果。

①实验流程：向儿童呈现两只相同的玻璃杯，杯中装有等量的液体，在儿童确知两只杯中的液体等量之后，实验者把其中一杯液体倒入旁边一只较高、较细的杯子中，液面自然升高，如图 5-3 所示。然后实验者问儿童：新杯子中的液体比原先杯子中的液体多一些或少一些，还是一样多？

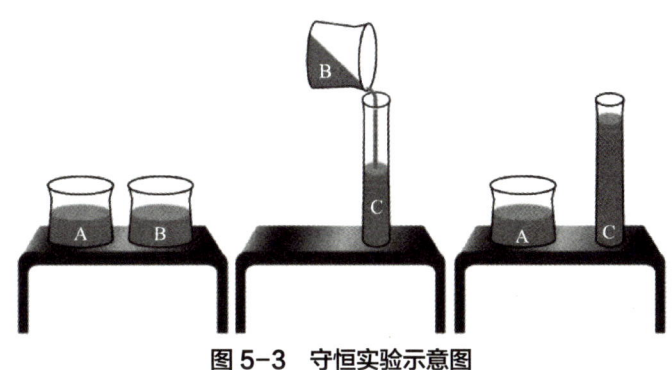

图 5-3 守恒实验示意图

TIPS ⑦

三山实验也说明了幼儿还不具备角色采择能力。关于角色采择能力的介绍详见第六章第四节。

TIPS ⑧

皮亚杰认为，儿童获得守恒观念的标志是思维表现出可逆性。

②实验结果：大多数的3~4岁儿童会回答"多一些"，因为他们只注意到了新杯子的高度（只注意单方面）。

③实验结论："前运算阶段"儿童思维只能集中于问题的一个维度，还不具备守恒的概念，皮亚杰认为，8岁儿童才开始掌握守恒的概念。

一般而言，掌握数概念、长度守恒的年龄是6~8岁，掌握液体、物质守恒的年龄是7~9岁，掌握面积、重量守恒的年龄是8或9~10岁，而掌握容积守恒的年龄是11~12岁。

（3）类包含实验

类包含指一类物体及其子类之间的关系。皮亚杰认为处于前运算阶段的儿童缺乏这种推理能力，不能同时想到一个子类和整个一类。

例如，给幼儿呈现由4朵红花和2朵白花组成的花束，问幼儿"红花多还是白花多"，幼儿一般都能正确回答"红花多"。但是当问幼儿"红花多还是花多"时，幼儿就不能正确回答。

3. 最初概念的掌握

（1）最初的词的概括和概念的掌握

①幼儿概括的特点表现在三个方面：概括内容较贫乏；概括的特征很多是外部的、非本质的；概括的内涵往往不准确。

②概念掌握的过程即为从具体形象思维向抽象逻辑思维发展的过程。幼儿初期概念掌握的广度和深度都很差，一般只能掌握较具体的实物概念。幼儿晚期才能掌握较抽象的概念。

（2）最初实物概念的掌握　　　　　　　　　　　» TIPS ⑨

①小班儿童所掌握的实物概念的内容，基本上代表他们所熟悉的某个或某些事物。

②中班儿童已能在概括水平上指出某些实物比较突出的特征，特别是功用上的特征。

③大班儿童开始能指出某一实物若干特征的总和，但还只限于所熟悉事物的某些外部特征和内部特征，不能将本质特征和非本质特征很好地加以区分。

（3）最初社会概念的掌握

幼儿可以在口头上说出各种社会概念的名称，但是对这些概念的理解还只是浅层的理解，主要停留在具体形象思维阶段。

（4）最初数概念的掌握

掌握数概念比掌握实物概念晚些、难些。数概念包括数的实际意义、顺序和组成，其形成要经历"口头数数—给物说数—按数取物—掌握数概念"四个阶段。一般认为，3~4岁是数概念的快速发

例如，问什么是马，小班儿童可能会答：就是那个。中班儿童可能会答：马是用来骑的。大班儿童可能会答：马有头，有尾巴，有四只脚，会拉车。

展时期，发展的转折点在5岁左右。

（5）类概念的掌握

幼儿晚期已掌握一定数量的类概念，表现为能按事物的功用或本质特点进行分类，这说明此时儿童的抽象概括能力已经开始发展起来。

知识点 4　心理理论 ★

1. 心理理论的含义　　　　　　　　　　　　　　》TIPS ⑩

"心理理论"最初是由普里马克、伍德拉夫在研究黑猩猩是否能认识他人意图时提出来的，随后被应用到儿童身上。它是指对自己和他人心理状态的认知，并由此对相应行为做出因果性的预测和解释。

2. 心理理论的研究范式——错误信念任务

错误信念任务是检验儿童是否具有心理理论的重要方法。幼儿一旦能完成错误信念任务，则标志着心理理论的形成。这一任务包括两种经典范式：意外地点任务、意外内容任务。　　　》TIPS ⑪

（1）意外地点任务

在意外地点任务中，实验者让儿童掌握有关某物地点改变的信息，而第三者缺乏这种信息，然后让儿童预测第三者会在改变前还是改变后的地点寻找该物。

如"马克西和巧克力的故事"：一个叫马克西的小孩把一块巧克力放在橱柜里。在他离开后，他的妈妈把巧克力放到了另一个地方。那么，马克西回来以后会去哪儿找巧克力？

（2）意外内容任务

在意外内容任务中，实验者向儿童展示一个从外表看明显有某种特定内容物的物件，随后向儿童揭示其真正内容物，让儿童回答有关自己最初对内容物的信念问题，以及有关不了解真正内容物信息的第三者对内容物的信念问题。

如：实验者向儿童呈现一个他们日常生活中熟悉的糖果盒，仅从盒子的外观看可以很容易推断出盒内通常放的是什么。在儿童回答为"糖果"后，实验者打开盒子，表明里面实际上所装的是一支铅笔，然后关上盒子，让儿童回答这样的问题：如果其他孩子在打开盒子之前，没有看过里面的实际内容，问他们盒子里装的是什么时，他们会怎么回答？

关于错误信念任务的研究表明：3岁的儿童还不能完成错误信念任务，因为他们不能区分自己和他人接收到的信息；4~5岁的儿童可以完成错误信念任务，因为他们明白他人接收的信息和自己不同，心理表征也不同。

例如，向幼儿讲述"东郭先生和狼"的故事，告诉幼儿东郭先生让狼藏进了自己的书袋，后来猎人赶来了。这时候向儿童提出问题：猎人知不知道书袋里藏有狼？这一问题考察的就是心理理论。早期社会认知研究关注的观点采择、元认知等均可纳入心理理论的范畴，甚至可以说，个体社会认知发展的主要任务就是发展心理理论。

错误信念有一、二级之分。一级错误信念是指知道他人拥有的某个信念是错误的；二级错误信念是指知道他人认为某人拥有的某个信念是错误的。

> **本节小结**
>
> 本节主要介绍幼儿认知发展,具体来说,其主要体现在注意、记忆、思维和心理理论四个方面的发展。首先,随着神经系统的发育和知识经验的丰富,幼儿的记忆能力逐渐增强,自传式记忆和元记忆得到初步发展;其次,幼儿以无意注意为主,有意注意逐渐增强,注意的品质不断提高;再次,幼儿思维发展的主要特点是:具体形象性占主导、抽象逻辑性开始萌芽、言语的作用日益增强;最后,心理理论的发展促进了幼儿社会认知能力的发展。

第五节 幼儿个性与社会性的发展

知识点 1 自我意识的发展 ★★

幼儿自我意识各因素(自我评价、自我体验、自我控制)发展的总趋势是随年龄的增长而增长的。　　　　》TIPS ①

1. 自我概念的发展

① 7 岁之前,儿童对自己的描绘仅限于身体特征、年龄、性别和喜爱的活动等,还不会描述内部心理特征。　》TIPS ②

② 早期儿童的认知能力处于具体形象思维阶段,他们很容易把自我、身体与心理混淆起来。　　　　　　　》TIPS ③

2. 自我评价的发展

① 自我评价的能力在 3 岁儿童中还不明显,自我评价开始发生的转折年龄是 3.5~4 岁,此年龄段的发展速度较 4~5 岁时要快,5 岁儿童绝大多数已能进行自我评价。

② 幼儿自我评价的特点包括:

a. 从轻信成人的评价到自己独立评价;

b. 从外部行为的评价到对内心品质的评价;

c. 从比较笼统的评价到比较细致的评价;

d. 从带有极大主观情绪性的自我评价到初步客观的评价;

e. 开始将道德行为作为准则进行评价。

3. 自我情绪体验的发展

① 3 岁儿童已经能够评价自己的行为,并且能够产生相应的自我情绪体验。

② 幼儿自我情绪体验由与生理需要相联系的情绪体验(愉快、愤怒)向社会性情感体验(委屈、自尊、羞愧感)不断深化、发展,通常表现出易受暗示性。

③ 在幼儿自我情绪体验中最值得重视的是自尊。自尊是自我意识中具有评价意义的情感成分,是与自尊需要相联系的对自我的态

TIPS ①

自我(自我意识)由知、情、意三方面构成。"知"即自我认知,指个体对生理自我、心理自我、社会自我的认知,主要涉及"我是谁""我为什么是这样的人"等问题,包括自我概念和自我评价等;"情"即自我体验,反映个体对自己所持的态度,主要涉及"我是否满意自己或悦纳自我"等问题,包括自我感受、自尊等;"意"即自我调控,指个体对自己行为与心理活动的自我作用过程,包括自我控制和自我监督等。其中,自我概念、自尊和自我控制是个体自我系统最主要的方面。

TIPS ②

例如,让一个 5 岁儿童描述自己,他可能会说:"我叫小明,今年 5 岁,我妈妈给我买了件新衣服,我有很多玩具,我能够自己刷牙了……",可以发现,这些描述,都是可以直接观察到的具体特征,如名字、外貌以及日常行为。

TIPS ③

大部分儿童认为自我是身体的一部分,常常是头部,他们可以从许多物理维度来描述自我,如大小、形状和颜色。

度体验，也是心理健康的重要指标之一。

4. 自我控制能力的发展

①自我控制能力在 3~4 岁儿童中还不明显，从缺乏自我控制到有自我控制的转折年龄是 4~5 岁，5~6 岁儿童绝大多数都有一定的控制能力。

②科普认为，在儿童早期，儿童自我控制和自我调节能力的发展要经历五个重要发展阶段，分别为：控制与系统组织、依从、冲动控制、自我控制、自我调节。

③延迟满足范式是研究自我控制的经典实验范式，它包括选择范式、选择等待范式、选择工作范式和礼物延迟范式等。延迟满足是一种甘愿为更有价值的长远目标而放弃即时满足的抉择取向。

④由于幼儿的皮质兴奋机制相对于抑制机制仍占很大优势，所以幼儿更多的时候表现出冲动性行为，自我控制能力较低。

知识点 2　幼儿道德认知的发展 ★★★

1. 幼儿道德认知的发展特点

幼儿道德认知是指幼儿对是非、善恶行为准则和社会道德规范的认识。幼儿道德认知发展的过程其实就是幼儿将一系列的行为准则和规范不断内化的过程。幼儿道德认知发展的一般特点是：

①幼儿更多地依据行为的结果，而不是行为的动机作出道德判断。

②幼儿的道德认知和道德情感之间存在着脱节现象。

③幼儿已具有初步的道德规范的知识，并能将这些知识应用于不同场合以调节自己的行为。但是这些知识是具体的、形象的，个体内部各种知识的发展也是不平衡的。

④幼儿的道德行为主要受外部的、成人规定的标准控制。

2. 道德发展阶段理论　　　　　　　　　　≫ TIPS ④

（1）皮亚杰——对偶故事法　　　　　　　≫ TIPS ⑤

皮亚杰认为儿童的道德认知是从他律道德向自律道德转化的过程，而幼儿的道德认知发展正处于他律道德阶段，这种他律性实际是幼儿认知的自我中心性和实在论的反映。他将儿童道德认知的发展分为以下三个阶段。

①前道德阶段 / 自我中心阶段（2~4 岁）

a. 行为直接受行为结果的支配，没有道德感。

b. 极少对规则表现出关心或注意。

c. 这个阶段的儿童行为既不是道德的，也不是非道德的。

②他律道德 / 道德实在论阶段（5~7 岁）

a. 遵守规范，服从权威，认为规则是万能的、不可改变的。

认知发展心理学家认为儿童道德（道德推理）的发展在很大程度上有赖于儿童认知的发展，并遵循一定的阶段次序。这一理论的代表人物有皮亚杰和科尔伯格，后者的理论是对前者的继承和发展。

对偶故事举例：

①有个男孩叫约翰，听到有人叫他去吃饭，就去开饭厅的门。门外有一张椅子，椅子上放着一只盘子，盘内有 15 只茶杯。约翰不知道这些，结果撞倒了盘子，摔碎了 15 只茶杯。

②另一个男孩叫亨利，有一天他妈妈外出，他想拿碗柜里的果酱吃。果酱放得太高，他的手够不着，结果碰翻了一只杯子，杯子掉在地上摔碎了。

问题：这些孩子的过失是否相同？这两个孩子中，哪一个问题更严重？为什么？

b. 评价行为时，往往态度极端，认为要么好要么坏。

c. 在判断行为对错时，完全根据行为的后果，而不考虑行为的动机。具有从他性和情境性特点。

③<u>自律道德/道德相对论阶段</u>（8~11岁之后）

a. <u>不再盲目服从权威，认为规则可通过协商讨论而调整和改变。</u>

b. 更多地根据动机判断行为好坏，形成了自己内化的道德标准。

c. 能够从他人的立场考虑问题，判断不再绝对化。

（2）科尔伯格——两难故事法 　　　　　　　　　>> TIPS ⑥

科尔伯格提出了道德发展的三个水平六个阶段。

①前习俗道德水平（4~10岁）

儿童处于<u>外在控制</u>的时期，服从于得到奖赏、逃避惩罚的道德原则。这一时期分为以下两个阶段。　　　　　　>> TIPS ⑦

a. <u>避免惩罚的服从阶段</u>：儿童注重行为结果或刺激的物理属性，如撒谎的程度，遵从他人的规则以逃避惩罚、得到奖赏，采取<u>痛苦定向</u>。

b. <u>相对功利阶段</u>：儿童基于互惠性考虑服从，以被满足的需要来评价行为，采取<u>收益定向</u>。

②习俗道德水平（10~13岁）

儿童将<u>权威的标准加以内化</u>，他们服从法则以取悦于他人或维持秩序。这一时期分为以下两个阶段。　　　　>> TIPS ⑧

a. <u>寻求认可阶段</u>：儿童希望取悦他人，帮助他人，获得赞同。他们会根据行为的动机、行为者的特点以及当前的情境评估行为，采取好<u>孩子定向</u>。

b. <u>服从权威阶段</u>：儿童考虑到社会规则、良心与责任，尊重权威，力图维持社会秩序，采取<u>法律和规则定向</u>。

③后习俗道德水平（13岁以后）

<u>道德观完全内化</u>，他们认识到道德原则之间的冲突，并懂得如何从中进行选择。这一时期分为以下两个阶段。　　>> TIPS ⑨

a. <u>法制观念阶段</u>：人们以理性的方式思考，重视多数人的意愿和社会福利，认为依法行事是最好的行为方式，采取<u>社会契约定向</u>。

b. <u>价值观念阶段</u>：人们依据自己认为对的方式行事，而不理会法律或他人的意见，行动是依据内在的标准，行为受自我良心约束，力求达到公正，避免自责，采取<u>道德原则定向</u>。

科尔伯格认为<u>幼儿的道德发展处于前习俗水平</u>，此时幼儿尊重权威，目的是逃避惩罚，同时幼儿出于自己的利益并考虑别人会如何回报他们的行动而服从、遵守规则，从而形成他律的道德判断。

>> TIPS ⑩

TIPS ⑥

两难故事举例：

海因茨是一个穷人，有一天他的妻子生病了，医生告诉海因茨说，本市只有一家药店有种药可以医治他的爱人。药店的老板制造这种药花了200元，却要价2 000元。海因茨到处找人借钱但只借到了1 000元，他就问老板能不能赊给他，后续再还钱。药店的老板不愿意，海因茨趁着晚上就撬开了药店大门偷药。

问题：海因茨应不应该偷药？为什么？

前习俗水平的儿童并无内在的道德标准。他们判断行为是否适当，主要是看能否使自己免于惩罚，或让自己感到满意。

①处于"服从与惩罚定向阶段"的儿童，如果支持偷药，他们会回答："海因茨不应该让他的妻子死，如果这样的话，他会陷入大麻烦。"如果反对偷药，他们会回答："海因茨会被抓住，然后被送入监狱。"总之，这一阶段的儿童认为凡是造成较大损害、受到严厉惩罚的行为，都是坏的行为。

②处于"天真的利己主义阶段"的儿童，如果支持偷药，他们会回答："如果海因茨被抓住了，他可以将药归还，这样他可能就不会被判长期徒刑。"如果反对偷药，他们会回答："药店老板是一个商人，他需要赚钱。"总之，这一阶段的儿童主要依据是否符合自己的利益来评定行为的好坏。

（3）皮亚杰和科尔伯格理论的比较

①相同点：二者都认为道德发展是分阶段的，随着年龄的增长，道德逐渐向高层次发展；二者都认为道德发展是与认知发展相对应的，道德发展在很大程度上是道德认知发展。

②不同点：皮亚杰采用对偶故事法，科尔伯格采用两难故事法；二者划分的阶段不同。

知识点 3　幼儿社会性行为的发展 ★　　>> TIPS ⑪

儿童的社会性行为主要包括侵犯行为和亲社会行为，最早出现于婴儿期。在社会化过程中，由于社会的要求，儿童逐步学会控制侵犯行为，发展亲社会行为。

1. 侵犯行为

侵犯行为又称攻击行为，是针对他人的敌视、伤害或破坏性行为。**3岁开始，侵犯行为不断增多**，身体攻击在4岁时达到顶点。随后，身体攻击减少，言语攻击增多。**5岁时侵犯行为开始减少**，儿童知道协商是达到目的的更有效手段。

2. 亲社会行为

亲社会行为指任何符合社会期望而对他人、群体或社会有益的行为及趋向。一般认为，亲社会行为**在幼儿期逐渐增多，6~12岁增长显著**。

知识点 4　性别角色的社会化 ★★

1. 与性别化有关的概念

①**性别**：就是通常所谓的"男性"或"女性"。这是根据生物学特征对人类群体的身份所作的最基本的界定。　　>> TIPS ⑫

②**性别化**：在特定社会文化生活中，获得适合于某一性别（男性或女性）的价值观、动机和行为方式的**过程**。儿童的基本生物特征、社会经验、认知发展相互作用，共同影响着儿童的性别化。

③**性别认同**：对一个人在基本生物学特性上属于男或女的认知和接受，即理解性别。　　>> TIPS ⑬

④**性别角色认同**：对一个人具有男子气或女子气的知觉和信念，即理解性别角色。　　>> TIPS ⑭

⑤**性别角色偏爱**：对与个体性别角色相联系的活动和态度的个人偏爱。　　>> TIPS ⑮

⑥**性别角色标准**：社会成员公认的适合于男性或女性的动机、价值观、行为方式和性格特征等，反映了文化或亚文化对不同性别成员的行为适当性的期望。　　>> TIPS ⑯

TIPS 8

习俗水平的儿童能考虑到更多的社会性因素，这些因素包括他人的认可、法律和社会秩序等。

①处于"好孩子定向阶段"的儿童，如果支持偷药，他们会回答："海因茨只是做了一个好丈夫应该做的事情，这表明他是多么爱他的妻子。"如果反对偷药，他们会回答："如果他的妻子死了，他不可能因此受到责备，这是药店老板的错，药店老板是个自私的人。"总之，这一阶段的儿童按照大家的期望去行动，希望通过"做好孩子"来寻求认可。

②处于"维护权威和秩序的定向阶段"的儿童，如果支持偷药，他们会回答："海因茨去偷药并没有道德上的过错，因为制定法律的时候并没有把每一种特例或者每一种情况都考虑进去。"如果反对偷药，他们会回答："海因茨应该遵守法律，因为法律是为了保证社会生活的有序进行而制定的。"总之，这一阶段的儿童更多的是遵守法规、维护秩序。

⑦**性别角色刻板印象**：又称"性别定型"，指对男性或女性应有的行为模式的一种过于简单或偏激的看法或态度。　　>> TIPS ⑰

2. 性别化的发展

（1）性别认同的发展

科尔伯格将性别认同的发展分为以下三个阶段。

①**性别认同（性别标定）阶段**：在2~3岁时，儿童能够肯定地将自己认定为男孩或女孩。

②**性别稳定性阶段**：儿童对性别的"守恒性"有了一定的理解，但仍相信改变服饰、发型等就能导致性别转换。

③**性别一致性（恒常性）阶段**：儿童开始确信性别的一致性，能够认识到个人的性别是与内在的生理特性相联系的永恒属性，而不再根据头发的长短、衣服的样式等外部特征来判断性别。　　>> TIPS ⑱

2岁的儿童能分辨照片上人物的性别，3岁的儿童能说出自己的性别，5岁的儿童开始理解性别的不变性；3岁的儿童就有性别角色刻板印象，但只限于一些表面特征，不理解心理差异；2岁半的就有性别角色偏爱，最初表现在对不同玩具的喜好上。

（2）性别角色的社会化

性别角色的社会化包括以下四个阶段。

①理解性别

这个阶段也称作狭义的性别认同阶段，包括四个成分：使用正确的性别标签，理解性别的稳定性、恒常性和生殖基础。

②获得标准

儿童学习到性别角色的标准，但对性别角色有较深的刻板印象。

③取得认同

儿童对性别角色的认同大多从对父母双方的认同开始，通过内化父母对性别角色的标准、价值、态度等形成自己的信念，最终形成自己的性别角色认同。

④形成偏爱

性别偏爱主要与三种因素有关：

a. 自己的能力越接近某一性别标准，越偏爱成为其成员。

b. 对同性别的父母越喜欢，越偏爱成为同性别的成员。

c. 社会环境中存在的关于某一性别价值的线索是性别角色偏爱的决定性因素。

3. 性别化的理论

（1）**社会生物学理论**：强调两性间发生学和荷尔蒙的差异在儿童性别化中的决定作用。

（2）**精神分析理论**：认为性别化是儿童与同性父母认同的结果

TIPS ⑨

后习俗水平的儿童已经超越现实道德规范的约束，达到完全自律的境界。

①处于"社会契约定向阶段"的儿童，如果支持偷药，他们会回答："海因茨偷药是合理的，因为有一个人的生命正处于危险之中，这超越了药店老板对药的任何权利。"如果反对偷药，他们会回答："如果个体在社会中共同生活的话，遵守法律是非常重要的，因为它代表了共同协议的必要结构。"总之，这一阶段的儿童认为，法律与道德规范是大家共同约定的，是一种社会契约，但这种社会契约也是可以改变的。

②处于"普遍的伦理原则阶段"的儿童，如果支持偷药，他们会回答："人类的生命是神圣的，这是出于普遍伦理原则对个体的尊重，而这是优先于其他任何价值观的。"如果反对偷药，他们会回答："海因茨需要考虑是否还有其他人像他妻子那样，迫切地需要这种药。他不应该只基于对他妻子的特定感情来考虑问题，而应该考虑所有生命的相关价值。"总之，这一阶段的儿童能够依据自己选定的伦理原则、个人良心办事。这些原则（如公正、平等、人的价值等）都是抽象的，而不是具体的道德法令。

TIPS ⑩

在前习俗水平，道德推理的前提是个体必须服务于自己的需要；在习俗水平，道德推理的基础是社会系统必须基于法律和规章；在后习俗水平，道德推理所基于的假设是每个人的价值、尊严和权利都必须得到保障。

TIPS ⑪

关于社会性行为，本书的社会心理学部分会对其理论、影响因素等进行详细介绍，在发展心理学部分就不再赘述。

之一。

（3）**性别图式理论**：认为儿童会建构一种自我性别图式，并根据性别图式评价信息、环境刺激等。

（4）**社会学习理论**：提出儿童获得性别化态度和行为的两种机制是直接训练和观察学习。

（5）**认知理论**：指出儿童性别角色的发展部分依赖于儿童的认知发展。

（6）**心理双性化**

贝姆用典型的男性化特征和典型的女性化特征的平衡体或组合体来对性别特征进行描述，当一个人同时具有传统意义上的两种性别特征时，其性别特征被称为心理双性化。

贝姆将性别角色倾向分为四类：双性化、典型男性化、典型女性化、未分化。

双性化的个体具有更强的适应性，能够依据当前情境的要求调整自己的行为。

知识点 5　同伴关系 ★★

儿童的同伴关系是儿童在交往过程中建立和发展起来的一种儿童之间特别是同龄人之间的关系。

1. 同伴关系的作用

①同伴可以满足归属和爱的需要，以及尊重的需要。
②同伴交往为儿童提供学习的机会。
③同伴是儿童特殊的信息渠道和参照框架。
④同伴是儿童得到情感支持的来源。

2. 同伴关系的发展　　　　　　　　　　>> TIPS ⑲

从3岁起，儿童偏爱同性同伴；3~4岁，儿童依恋同伴的强度，以及与同伴建立友谊的数量显著增长。但儿童早期的友谊一般是脆弱、易变的，很快形成，又很快破裂。

3. 社会技能训练

（1）社会技能训练的含义

在对儿童不良同伴交往的干预方法中，社会技能训练是最早采用、运用最广泛的方法。训练的对象是同伴关系不良的儿童，目的在于通过干预，改善儿童的同伴关系，促进其社会性的发展。

（2）社会技能训练的干预方案

①让儿童学习有关交往的新的原则和概念。
②帮助儿童将原则和概念转化为可操作的特殊行为技能。
③帮助儿童在同伴交往活动中树立新的目标。

英语中的"sex"通常指的是男性和女性的生理差异，即生理性别；而"gender"通常指与社会文化有关的性别特征和差异，即社会性别。

认同由个人决定，是相对主观的。例如，小莉知道自己是女孩，并且喜欢自己的女孩身份。

例如，小明认为男孩梳辫子就是"娘娘腔"，不具有男子气。

例如，小莉知道自己是女孩，所以她更喜欢玩芭比娃娃和毛绒玩具。

标准由社会成员决定，是相对客观的。例如，在以往的社会文化中似乎存在一种约定俗成的标准：男生必须买单，必须养家；女生必须会家务。

性别角色刻板印象源于性别角色的进一步分工，是一种性别偏见。传统文化中的性别角色标准其实普遍带有刻板性质。例如，普遍认为男生都很阳刚，都擅长理科科目；女生都很温柔，都擅长文科科目。

④帮助儿童实现已获得行为的保持和在新情境中的概念化。

⑤增强儿童与同伴成功交往的信心。

本节小结

本节从道德认知、社会性行为、性别角色的社会化、同伴关系、自我意识五个方面论述幼儿个性与社会性的发展。幼儿期是个性初步形成的时期，幼儿的社会性在各个方面进一步发展。对于幼儿自我意识的发展特点，考生要注意跟儿童时期进行比较学习。对于幼儿道德认知的发展，考生主要掌握皮亚杰、科尔伯格的理论即可；对于幼儿侵犯行为、亲社会行为的发展，考生可结合社会心理学一起学习；对于性别角色、同伴关系，多以选择题、简答题的形式考查，考生达到理解和识记的程度即可。

 TIPS 18

性别的稳定性是指性别不会随时间而改变，男孩会长成男人，女孩会长成女人；性别的恒常性是指性别不会因为穿着、行为的改变而改变。

 TIPS 19

儿童主要通过他人的具体行为来判断谁是朋友，不涉及对方的内在品质。例如，他是我的朋友，因为他跟我分享玩具汽车；他不是我的朋友，因为他不跟我玩。

名词总结

创造性游戏	教学游戏	活动性游戏	练习游戏
象征性游戏	有规则的游戏	空闲游戏	旁观游戏
单独游戏	平行游戏	联合游戏	合作游戏
积极词汇	消极词汇	内部言语	自我中心言语
自传式记忆	具体形象思维	抽象逻辑思维	三山实验
守恒实验	心理理论	自我意识	延迟满足范式
性别	性别化	性别角色	性别认同
性别角色认同	性别角色偏爱	性别角色标准	性别角色刻板印象

第六章　童年期儿童的心理发展

知识导读

童年期指儿童6、7岁到12、13岁这一时期，这时候的儿童也相应地被称为学龄儿童或小学儿童。儿童进入学校，开始系统地接受学校教育，学习已成为其主导活动。在学习的过程中，儿童逐步掌握书面言语，思维也从具体形象思维过渡到抽象逻辑思维。同时，童年期也是儿童个性发展的重要时期。通过学校教育，儿童在自我意识、社会认知、人际关系和道德等方面都有了进一步的发展，其观点采择能力有了极大的进步。这些都为他们进入中学学习和青春期的心理发展奠定了基础。

在考试中，一般以第三节和第四节的内容为考查重点，可能以论述题、综合题或材料分析题等形式出题，要求考生能熟练运用理论知识解释、解决实际问题；第一、二节的内容则主要以选择题、简答题等形式进行考查，考生达到理解和识记的程度即可。

知识地图

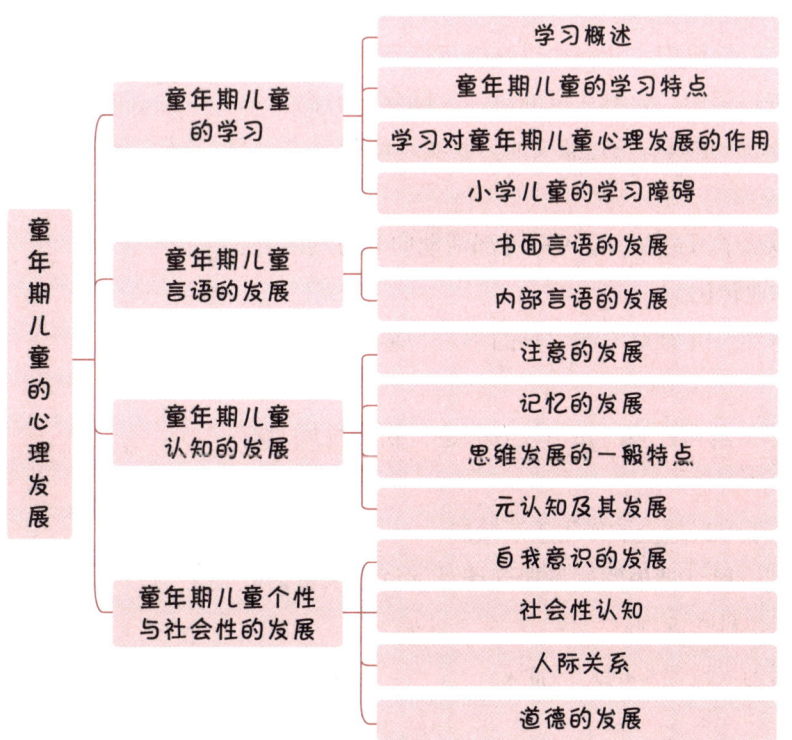

第一节　童年期儿童的学习

知识点 1　学习概述 ★

1. 学习的含义　» TIPS ①

学习指学生在教师的指导下，有目的、有计划、系统地掌握知识、技能和行为规范，并提升学习能力的活动。

2. 学习的一般特点

学生的学习过程是一般认识过程的一种特殊形式，主要包含以下几个基本特点。

①学生的认知或认识活动要**越过直接经验**的阶段。　» TIPS ②

②学生的学习是一种在**教师指导**下的认知或认识活动。

③学生的学习是一种**运用学习策略**的活动。

④**学习动机**是学生学习或认知活动的动力。

⑤**学习过程**是学生获得知识经验、形成技能技巧、发展智力能力、提高思维品质水平的过程。

知识点 2　童年期儿童的学习特点 ★　» TIPS ③

童年期儿童的学习既具有上述学生学习的一般特点，又具有其年龄阶段所特有的特点。

1. 学习动机

在童年期儿童的学习动机中，**外部动机始终占据主导地位**，内部动机还处在不断发展过程中。学习动机的总强度随年级升高呈下滑趋势，直至六年级开始形成具有长远意义的自我实现动机。

2. 学习兴趣

①儿童的学习兴趣从学习过程、学习的外部活动向学习的内容、需要独立思考的学习作业转化。

②一般从三年级开始，儿童对不同学科的学习兴趣从不分化到初步分化。

③儿童对有关具体事实和经验的知识较有兴趣，初步发展对有关抽象因果关系的知识的兴趣。

④游戏因素在儿童学习兴趣上的作用逐渐减弱。

⑤儿童的阅读兴趣一般从课内阅读发展到课外阅读，从童话故事发展到文艺作品和通俗科学读物。

⑥儿童对社会生活的兴趣逐步扩大、加深。

TIPS ①

学习有广义和狭义之分。广义的学习是指动物和人的经验获得及行为变化的过程，狭义的学习即本书指出的含义。一般情况下考生掌握狭义的学习即可。

TIPS ②

幼儿的学习活动很少越过直接经验，更多的是通过游戏进行。而小学儿童在教师的指导下，系统掌握知识和行为规范，以学习间接经验为主。

TIPS ③

决定儿童能否成功地进行学习的因素主要有两个方面：一个是儿童学习的积极性方面，包括学习动机、学习态度和学习兴趣等；另一个是儿童学习能力方面，即顺利进行学习所必需的技能和技巧。

3. 学习态度

①对**教师**的态度：从特殊的尊敬、依恋到选择性的、怀疑的态度。

②对**集体**的态度：从低年级尚未形成班集体，到中年级儿童开始把自己看成集体中的一员，重视班集体的舆论和评价作用。

③对**作业**的态度：在教师正确的教育下，儿童逐步形成对作业自觉负责的态度。

④对**评分**的态度：低年级儿童逐渐理解分数的客观意义，并树立对分数的正确态度；中年级儿童把优良的分数看成高质量完成社会义务的客观表现。

4. 学习策略

随着年龄增长，童年期儿童的学习策略不断丰富。但策略使用具有**不完善**、**不稳定**和**刻板**的特点。

知识点 3　学习对童年期儿童心理发展的作用 ★★

从小学开始，学习活动成为儿童的主导活动，对儿童的心理发展有重要作用。

1. 促进儿童个性发展

学习是社会对儿童提出的要求，是必须完成的社会义务。在学习过程中，儿童产生了责任感和义务感，意志力也得到了培养和锻炼，这对其个性发展具有重要意义。

2. 促进儿童认知能力发展

学习是通过教学活动来进行的。在这一过程中，儿童心理活动的有意性和自觉性都明显发展起来，思维活动也逐渐从具体形象思维过渡到抽象逻辑思维。

3. 促进儿童社会性发展

学习活动以班集体为单位进行。这不仅有助于儿童发展社会交往的技能，提高社会认知的水平，培养合作、互助的集体精神，而且有助于儿童掌握各种基本的社会行为规范，形成并发展各种良好的品德。

知识点 4　小学儿童的学习障碍 ★

1. 学习障碍的含义与特点

学习障碍是一种在学业方面未达到同龄儿童应该达到的水平的不适当的发展状态，可以表现在言语、数学、运动等不同方面，具有差异性、缺陷性、集中性、排除性、可逆性和贯穿性。

①**差异性**：学习障碍儿童的实际行为与所期望的行为之间有显著的差异。

②**缺陷性**：学习障碍儿童有特殊的行动障碍。

③**集中性**：学习障碍儿童的缺陷集中在包括语言或算术的基本心理过程中。

④**排除性**：学习障碍的问题不是由心理发育迟缓问题、情绪问题或缺乏学习机会引起。

⑤**可逆性**：学习障碍是可逆的，依靠合适的教育训练可以改变。

⑥**贯穿性**：学习障碍可以贯穿于个体的毕生发展过程中。

2. 学习障碍的症状

学习障碍主要表现在以下 3 个方面：

①在感知、思维、语言和数学方面存在障碍；

②在行为、情绪和社会性方面存在障碍；

③其他方面的问题，如发育迟缓、品行问题等。

3. 学习障碍产生的原因

（1）胎儿期、出生前、出生后的轻度脑损伤或轻度脑功能障碍

（2）遗传-素质假说

许多研究指出，学习障碍儿童存在脑发育迟缓、脑皮质功能不成熟、觉醒不足、左右脑发育不平衡等现象。

（3）生物学假设

有些研究者认为，轻度脑功能失调是中枢神经元之间信息传递改变的结果；也有研究指出，轻度脑功能失调的发病机制是中枢神经系统之间某种神经递质不足或过多。

（4）心理与环境假设

许多学者认为，虽然环境因素不是学习障碍的一个直接引发因素，但它是一个主要的影响因素。较低的家庭经济收入、营养不良或疲劳、早年缺乏各种环境刺激和教育、缺乏母爱或其他家庭成员所给予的感情、父母的文化程度、父母对儿童的态度与期望等，都可以是儿童产生障碍的因素。

（5）非智力因素的发展赶不上智力因素的发展

有些学生在智力上并没有问题，他们的学习障碍是非智力因素发展缺陷所导致的，如缺乏学习兴趣、不够用功、缺乏学习方法等。

> **本节小结**
>
> 童年期儿童的主导活动是学习。本节主要从学习概述、童年期儿童的学习特点、学习的作用、学习障碍等方面进行介绍。童年期儿童的学习除了具有一般性的学习特点之外，在学习动机、学习兴趣、学习态度和学习策略四个方面分别有其特定的特点。受各种因素影响，有些小学儿童在感知、思维、语言等方面表现出学习障碍。

第二节　童年期儿童言语的发展

童年期的儿童在进入学校以后，言语能力开始进一步地发展。书面言语成为儿童专门学习的科目，内部言语也迅速发展起来。

知识点 1　书面言语的发展 ★

>> TIPS ①

书面言语是言语发展的高级阶段，也是童年期儿童学习的专门对象。儿童从识字、阅读到能独立完成写作，逐渐能揭示字词概念的本质特征，熟练掌握语法规则，结合语境理解语句的意义。四年级时，儿童的言语优势已经从口头言语转移到书面言语上来。

知识点 2　内部言语的发展 ★

>> TIPS ②

内部言语的发展可分为三个阶段：出声思维阶段、过渡阶段和无声思维阶段。其发展有赖于思维的发展，尤其是抽象逻辑思维的发展。但童年期儿童还以具体形象思维为主，因此，内部言语的发展水平相对有限。

本节小结

相比于婴儿期、幼儿期的言语发展，童年期的言语发展并不是这一阶段的主要关注点，考生主要从书面言语、内部言语两方面的发展进行掌握即可。在口头言语上，儿童必须能够系统地、连贯地表达自己的意思；在书面言语上，儿童必须学会读和写；口头言语和书面言语的要求和变化也促进了内部言语的发展。

TIPS ①

书面言语是在听到的和说出的言语的基础上，形成的一种看到的和书写的言语，它要经过专门的教学训练才能掌握。

TIPS ②

例如，刚入学的小学生在阅读课文或算数时，往往是唱读或边自言自语边演算；高年级的学生则可以进行无声思考，但当阅读或演算遇到困难时，他们仍会用有声言语来帮助思考。

第三节　童年期儿童认知的发展

知识点 1　注意的发展 ★

1. 注意发展的一般特点

初入学儿童仍带有幼儿注意的特点，即无意注意还占有很重要的地位，有意注意正在发展，但还没有达到完善的程度。

（1）无意注意的发展

中国心理学工作者研究表明，从小学一年级到五年级，儿童的无意注意基本处于同一水平。但是对于不同材料，低年级和高年级儿童还是有一定差别的。例如，小学二年级儿童对于"扬弃材料"的无意注意已达到了与五年级儿童相当的水平；而对于"组织材料"的无意注意，小学二年级儿童的发展水平较低，直到五年级时才比较成熟。

随着儿童年龄的增长，尤其是大脑机能系统的进一步完善，童年期儿童的有意注意也在逐步发展。

（2）有意注意的发展

童年期儿童的有意注意不是一下子形成的，对于低年级儿童来说，无意注意仍占主要地位，有意注意还在形成和发展中，到了小学高年级，儿童的有意注意才逐渐占主导地位，但是还没有达到完善程度。

有研究表明，小学二年级儿童的有意注意还处在发展初期，水平很低，自觉控制注意的能力差，容易被其他刺激分心。而五年级与二年级相反，有意注意有了长足发展，已逐步取代无意注意，占据主导地位。

2. 注意品质的发展

（1）注意集中性的发展

小学儿童与幼儿比较起来，注意的集中性有了很大的发展，无论无意注意还是有意注意都比幼儿集中的时间更长、强度更大。

（2）注意广度（范围）的发展

童年期儿童，特别是低年级儿童的注意范围一般比成人狭小。在以速示器进行的实验中证明：小学二年级儿童平均看到客体数目不足4个，小学五年级为4~5个。

（3）注意稳定性的发展

童年期儿童的注意稳定性发展得非常迅速。姜涛等通过研究发现，小学二年级至五年级阶段，学生注意稳定性发展得很迅速。在注意稳定性方面女生的成绩高于男生。

（4）注意分配的发展

注意分配能力的迅速发展时期为幼儿至小学二年级，此后，注意分配能力的发展速度较慢。

知识点 2 记忆的发展 ★

1. 无意记忆和有意记忆的发展

初入学儿童的无意记忆已经得到了很好的发展，有意记忆也已出现，但有意记忆的能力发展得很不完善，初入学时期，有意记忆在整个记忆中起到的作用也很小。

随着年龄的增长，童年期儿童的无意记忆和有意记忆均在继续发展，但**有意记忆的使用数量和质量的发展速度都要快于无意记忆**，其重要性也在不断地提高。

2. 记忆方法的发展

初入学儿童的记忆方法以机械记忆为主，随着年级的升高，儿童的记忆逐渐转向以意义记忆为主。在整个小学期间，无论是机械记忆还是意义记忆，其记忆效果都随年龄的增长而不断加强，并且儿童采用意义记忆时的保持量始终高于采用机械记忆时的保持量。

3. 记忆内容的发展

从记忆的内容看，童年期儿童的记忆主要是具体形象记忆，但与此同时抽象逻辑记忆也得到了较大的发展。小学低年级儿童的头脑中存储的信息是以表象为主的，并且表象的概括性差，大多是具体表象。随着年龄的增长，儿童的知识不断丰富，抽象思维能力不断发展，抽象逻辑记忆也随之发展。

知识点 3 思维发展的一般特点 ★★★　　» TIPS ①

①从小学开始，儿童思维逐步过渡到以抽象逻辑思维为主要形式，但仍带有很强的具体性。

②由具体形象思维到抽象逻辑思维的过渡存在着明显的关键期（四年级，10~11岁）。

③思维结构趋于完整，但有待完善。小学儿童的思维具备了一切逻辑思维的形式，包括辩证逻辑思维。辩证逻辑思维的萌芽期在一至三年级，转折期在四年级，五至六年级是稳步发展期。

④思维发展过程具有不平衡性。具体到不同的思维对象时，发展趋势常常表现出很大的不平衡性。

知识点 4 元认知及其发展 ★

1. 元认知的含义和成分　　» TIPS ②

元认知是由弗拉维尔提出的，简单来说就是对认知的认知，是主体对自身认知活动的认知。元认知包括元认知知识、元认知体验和元认知监控三个成分。其中，元认知监控是元认知的核心。

①元认知知识：个人对自己有效完成任务所需技能、策略及其来源的意识。其一般包括有关认知主体、认知任务、认知策略的知识，通常储存在长时记忆中，具有稳定性。

②元认知体验：指主体在从事认知活动的过程中产生的认知和情感体验，可以发生在认知活动的各个阶段。　　» TIPS ③

③元认知监控：指主体将正在进行的认知活动作为意识对象，自觉地进行计划、监测和调整的过程。

2. 元记忆的发展

童年期儿童最重要的元认知能力体现在元记忆方面。元记忆是关于记忆过程的知识或活动。三四岁的幼儿已经具有某些元记忆知识，但他们通常高估了自己的记忆能力。

在记忆策略方面，7~9岁的儿童能够认识到复述和分类策略比仅仅观察更为有效；11岁以后，儿童认识到组织化策略比复述策略更为有效。在对自己记忆活动的监控方面，中高年级儿童已能有效

以抽象逻辑思维为主，并不意味着具体形象思维不再发挥作用。小学儿童的思维同时具有具体形象和抽象概括的成分，且具体形象性依然很明显。

元认知和认知能力有着本质的区别。认知能力是指向具体认知对象的智力操作能力，而元认知能力是对认知能力进行调节和监控的能力。例如，在解答数学题时个体能意识到第一步该怎么做，第二步该怎么做；在下棋时能意识到怎样下才能战胜对方。

如因预感考研得到好成绩而产生的积极情绪。

地监督、调节、控制自己的记忆。

3. 元语言意识

元语言意识是人们对自己言语活动的认识、评价和调控。儿童对语言规则的理解逐步加深，理解并掌握支配语言的规则。元语言意识的发展有助于提高儿童的阅读能力，能帮助他们理解信息模糊或不完整的语句。

> **本节小结**
>
> 童年期的儿童大脑发展已接近成人，且进入学校开始接受系统教育，这些主观、客观条件都促使儿童认知能力迅速发展。本节主要从小学儿童注意的发展、记忆的发展、思维发展的一般特点、元认知能力的发展四个方面进行介绍。总的来说，小学儿童的注意和记忆已得到了发展，他们的思维以抽象逻辑思维为主，但仍带有很强的具体形象性，元认知能力（尤其是元记忆）也得到快速发展。

第四节 童年期儿童个性与社会性的发展

知识点 1 自我意识的发展 ★★

自我意识的发展过程是个体不断社会化的过程，也是个性特征形成的过程。自我意识的成熟往往标志着个性的基本形成。童年期儿童的自我意识随年龄的增长由低水平向高水平发展，由外控向内化发展。儿童的自我意识的突出特点是分化、客观化、心理化和全面化。角色意识的建立标志着儿童的社会自我观念正在逐渐形成。

1. 自我概念

（1）自我概念的含义　　　　　　　　　　 >> TIPS ①

自我概念是个人心目中对自己的印象，包括对自己存在的认识，以及对个人身体能力、性格、态度、思想等方面的认识，是由一系列态度、信念和价值标准所组成的有组织的认知结构。

（2）自我概念的发展特点　　　　　　　　 >> TIPS ②

①自我概念是在经验积累的基础上发展起来的。小学儿童的自我概念是从比较具体的外部特征的描述，向**比较抽象的心理术语的描述发展**。

②随着年龄的增长，儿童逐渐能较客观地评价自己，但仍带有很强的具体性和绝对性。

③父母和教师对儿童能力的评价对儿童自我概念的形成有明显的影响。

④不同群体儿童的自我概念发展存在显著差异。

自我概念是对"我是谁"这个问题做出的回答，如"我会骑车""我很友好"等，都属于自我概念的范畴。它是自我意识中的认知成分。

例如，当回答"我是谁"这个问题时，小学儿童倾向于从自身动机、品质等方面描述自己。

2. 自我评价

（1）自我评价的含义　　　　　　　　　　　　　》TIPS ③

自我评价能力是**自我意识发展的主要成分和主要标志**，是在分析和评论自己的行为和活动的基础上形成的，在学前期就已经产生。

（2）自我评价的发展特点

①从顺从别人的评价到有独立见解的评价，自我评价的独立性随年级升高而提高。

②从比较笼统的评价到具体的、多方面的评价。

③从外部的描述性特征到内部心理品质的评价。

④从具体到抽象，从外显行为到内部世界的评价。

⑤稳定性逐渐增强。

3. 自我体验

（1）自我体验的含义　　　　　　　　　　　　　》TIPS ④

自我体验主要是自我意识中的**情感成分**，包括对自己所产生的各种情绪、情感的体验。一般来说，愉快感和愤怒感发生较早，自尊感、羞愧感和委屈感发生较晚。

（2）自我体验的发展特点

①自我体验的发展与自我意识的发展总趋势比较一致，与自我评价的发展具有很高的一致性；

②随着儿童理性认识的增加和提高，情绪体验也逐步深刻。

知识点 2　社会性认知 ★★★

1. 社会认知概述

（1）含义

社会认知是指对自己和他人的观点、情绪、思想、动机的认知，以及对社会关系和集体组织间关系的认知，与认知能力的发展相适应。

（2）社会认知发展的一般趋势

①从表面到内部，即从外部特征到内部品质特征。

②从简单到复杂，即从单一到多方面、多维度。

③从呆板思维到灵活思维。

④从关心个人及即时事件到关心他人利益和长远利益。

⑤从具体思维到抽象思维。

⑥从弥散性的、间断性的想法到系统的、有组织的综合性思想。

2. 角色采择

（1）含义

角色采择也称观点采择，是指儿童从他人的角度、采取他人的观点来理解他人的思想与情感的一种认知技能。

你觉得自己具备一些别人没有的长处，这就是你的自我评价。注意与自我概念相区分，自我概念是对自己身心特征的认识，而自我评价是在此基础上对自己作出的某种判断。例如，自我概念：我身高一米八；自我评价：我是一个高个子。

自我体验就是主观的我对客观的我所持的一种态度，如自信、自卑、自满、自责、自我欣赏等。自尊是自我体验中最主要的方面。

①角色采择与心理理论的关系：角色采择可以看作心理理论研究的一部分，它强调的是站在他人的角度看问题，可简单理解为"共情"；而心理理论强调的是站在自己的角度，理解他人的心理状态，从而推断他人的行为。

②角色采择与自我中心的关系：两者并不是对立的概念。实际上，角色采择能力的确要求自我中心倾向的减弱（去自我中心），但自我中心倾向的减弱并不一定会增强角色采择能力。

（2）角色采择能力发展的五个阶段

塞尔曼采用**两难故事法**进行研究，研究结果表明，角色采择能力的发展存在以下五个阶段。　　　　　　　　　　　　》TIPS ⑤

①**阶段0：自我中心的或无差别的观点（3~6岁）**　》TIPS ⑥

儿童不能认识到自己的观点与他人不同，认为自己怎么想别人就怎么想，完全以自己为中心。

②**阶段1：社会信息的角色采择（6~8岁）**

儿童认识到自己和他人的观点可能不同，但不能理解形成这种差异的原因，认为他人所做即所想，不能了解他人行动前的思想。

③**阶段2：自我反省的角色采择（8~10岁）**

儿童认识到即使得到相同的信息，自己和他人的观点也会有冲突。儿童能考虑他人的观点，也能预期他人的行为反应，但不能同时考虑自己和他人的观点。

④**阶段3：多重观点或相互性角色采择（10~12岁）**

儿童能够同时考虑自己和他人的观点，并且认识到他人也可能这么做，能够以一个旁观者的身份来解释和反应。

⑤**阶段4：社会和习俗系统的角色替换（约12~15岁及以上）**

儿童已能理解社会不同群体的观点，能用社会系统和信息来分析、比较、评价他人的观点。

6~10岁是儿童社会角色采择能力快速发展的时期，10岁左右的小学儿童能够根据有关事件信息准确推断他人的观点。

3. 对社会关系的认识

① 7岁以下的儿童对他人的认识首先是了解其外部的、具体的特征。

② 8岁以后，儿童逐渐学会使用描述行为特征、心理品质、信仰、价值观和态度的抽象形容词。

③ 在12~14岁，儿童较少考虑自己与他人的关系，更多使用限定词，如"有时""经常"等，开始理解人的特质的可变性。

知识点 3　人际关系 ★★★

小学儿童的交往对象主要是**父母**、**同伴**和**教师**。与父母和教师的交往关系逐步从依赖到自主，从完全信服到批判性怀疑和思考。同时，更加平等的同伴关系日益在儿童生活中占据重要地位。言语沟通、提供利益和分享物品是小学儿童特别是低年级儿童维持交往的最主要策略。

1. 亲子关系　　　　　　　　　　　　　　　　》TIPS ⑦

亲子关系的变化主要表现在以下几个方面：

①交往时间由多变少。

②父母所处理的日常问题的类型发生变化。

TIPS ⑥

五个阶段的对应例子：

①小明很喜欢小汽车，妈妈过生日的时候，他给妈妈画了很多辆小汽车，他认为妈妈一定会很喜欢。

②小明看到妈妈经常吃鱼头，把鱼肉留给自己，就认为妈妈是喜欢吃鱼头的。

③小明不小心把风筝挂到了树上，他觉得自己应该爬上树把风筝取下来，他知道家长应该不希望自己爬树，但他还是爬了（单方面考虑）。

④小明不小心把风筝挂到了树上，他想爬上树把风筝取下来，但他知道这样做很危险，家长也会担心自己的安全。如果这件事换成是别人遇上，他应该也会劝人家不要爬树，于是他放弃了爬树（多角度考虑）。

⑤小明依然喜欢玩洋娃娃，他担心老师和同学们会不会笑话他过于幼稚。

童年期亲子关系的特点主要表现在父母与儿童对其行为的共同调节，又称亲子共治，即从幼儿期父母对其行为的单方面控制和调节为主，逐渐转变为由父母和儿童一起作决定。

③冲突数量减少。
④父母认为小学儿童比学前儿童好控制一些。
⑤父母对儿童的控制力量减弱。

2. 同伴关系

（1）同伴关系的一般特点

①交往时间更多，交往形式更复杂。
②在同伴交往中传递信息的技能增强。
③更善于利用各种信息来决定自己对他人所采取的行动。
④更善于协调自己与其他儿童的活动。
⑤开始形成同伴团体。

（2）友谊的发展阶段　　　　　　　　　　　　》TIPS ⑧

小学儿童同伴交往的一个重要特点是开始建立友谊。塞尔曼提出，儿童友谊的发展包括五个阶段。

①短暂游戏同伴阶段（3~7岁）：此阶段的儿童还没有形成友谊的概念，彼此之间只是短暂的游戏同伴关系，朋友往往与实利和物质属性以及时空上的相近相关联，友谊还很不稳定。

②单向帮助阶段（4~9岁）：此阶段的儿童单方面要求朋友能够服从自己的愿望和要求，如果顺从自己就是朋友，反之不是。

③双向帮助，但不能共患难的合作阶段（6~12岁）：此阶段的儿童对友谊的交互性有了一定的了解，但仍具有明显的功利性。

④亲密的共享阶段（9~15岁）：该阶段的儿童发展了朋友的概念，认为朋友之间可以相互分享、相互帮助，保持信任和忠诚，同甘共苦。此阶段的儿童具有强烈的排他性、独占性和一定的稳定性。

⑤友谊发展的最高阶段（12岁开始）：彼此之间互相提供心理支持，建立较为稳定持久的友谊。

（3）同伴团体

童年期是开始建立同伴团体的时期，也被称为"帮团时期"。

①同伴团体的特点

a. 在一定规则的基础上进行相互交往。
b. 限制其成员的归属感。
c. 具有明确的或暗含的行为标准。
d. 发展了使成员朝向完成共同目标而一起工作的组织。

②同伴团体对儿童的影响

a. 提供了学习与同龄伙伴交往的机会。
b. 提供了形成和评价自我概念的机会。
c. 可以作为强化者、榜样、社会比较者，影响儿童的发展。

TIPS ⑧

小学儿童对友谊的认识更加深刻，开始强调内在品质，如要彼此忠诚、相互帮助、提供支持等，并关注兴趣是否合得来以及个体的积极品质等。

（4）同伴接纳 >> TIPS ⑨

同伴接纳是同伴关系的一种形式，即一名儿童被一群同龄人视作有价值的社会伙伴的程度，反映了群体对个体的态度。同伴接纳度可采用**同伴提名法**、**同伴评定法**等方法进行测量。在描述儿童的同伴接纳度方面，可划分以下五类。

a. **受欢迎的儿童**：受到同伴正向提名和评价较多，即被多数同伴喜欢的儿童。

b. **被拒绝的儿童**：受到同伴负向提名和评价较多，不被多数同伴喜欢的儿童。

c. **被忽视的儿童**：正向、负向提名和评价都很少的儿童。

d. **有争议的儿童（矛盾的儿童）**：正向、负向提名和评价都很多的儿童。

e. **一般型儿童**：正向、负向提名和评价的数量都属于中等水平的儿童。

3. 师生关系

童年期的师生关系具有亲密性、反应性和冲突性三个方面的特点，并在不同年级有不同表现。童年期儿童对教师的态度从崇拜、敬畏逐渐转变为辩证的批判。教师对学生的期望显著影响学生的学习表现（罗森塔尔效应）。

知识点 4 道德的发展 ★★

1. 道德发展的基本特点

小学儿童道德发展的基本特点就是**协调性**。这个时期道德的发展较平稳，冲突和动荡较少。道德从习俗水平向原则水平过渡，从依附性向自觉性过渡，从外部监督向自我监督过渡，从服从型向习惯型过渡。具体特点如下：

①小学儿童逐步形成自觉地运用道德认识来评价和调节道德行为的能力。

②道德言行从比较协调到逐步分化。

③自觉纪律的形成和发展在小学儿童品德发展中占有相当重要的地位。

2. 道德动机发展的基本特点

①从服从向独立发展，但还离不开对成人指令的服从。

②从具体、近景向抽象、远景发展，但还离不开具体形象性。

③逐步产生道德动机的斗争，但激烈的冲突较少。

3. 道德心理特征的发展

道德心理特征一般分为道德认识、道德情感和道德行为三方面。

TIPS ⑨

注意，同伴接纳反映的是同伴团体对某个儿童的看法，是单向的。而前文介绍的同伴友谊则是双向的。

（1）道德认识

道德认识主要指儿童对社会道德规范、行为准则、是非观念的认知，包括对道德观念的掌握和道德判断能力的发展。道德认识的发展特点体现在以下两方面。

①道德观念：小学儿童的道德观念迅速发展，尽管各种道德观念的发展速度和水平具有差异性，但小学高年级儿童已经形成各种基本道德观念。

②道德判断：儿童的道德判断是从受外部情境的制约逐步过渡到受内心的道德原则、道德观念的制约的，在很多情况下，小学儿童判断道德的行为还常常受外部的、具体的情境的制约，且有从众现象。

（2）道德情感

道德情感是与人所具有的对于一定道德规范的需要直接相联系的一种体验，是一种高级情感。班集体和少先队集体在小学儿童道德情感的形成和发展上起着主要的作用。小学儿童的情感发展具有不平衡性，**小学三年级是道德情感发展的转折期**。

（3）道德行为

道德行为是在一定的道德意识的支配下，表现出来的对他人和社会有道德意义的活动。小学儿童的道德行为属依从传统惯例行为型，其特点是依随社会的风尚，遵从集体的决策，自己不采取单独的主张与果敢的行动。

我们判断儿童道德品质的发展水平时，不仅要看他对道德概念的理解、判断，还要考察他的行为表现是否符合道德规范。从某种意义上来说，后者比前者更为重要，因为这是一个人道德认知的直接体现，是真实道德面貌的反映。

本节小结

本节介绍童年期儿童个性与社会性的发展，主要从自我意识、社会认知与交往技能、道德等方面的发展进行说明。小学儿童的自我意识有了进一步发展，主要体现在自我概念、自我评价和自我体验三个方面；他们开始有意识地参与集体活动，形成角色采择能力，发展人际关系，并产生友谊。同时，在教育的影响下，通过实践活动，儿童的道德意识得以产生，并且儿童能初步运用这些道德意识来自觉地调节和支配自己的行为。

名词总结

学习	书面言语	内部言语	无意注意
有意注意	具体形象记忆	元认知	元认知知识
元认知体验	元认知监控	元记忆	元语言意识
自我概念	自我评价	自我体验	社会认知
角色采择	同伴接纳	道德认识	道德情感
道德行为			

第七章 青少年的心理发展

知识导读

青少年期指从11、12岁到17、18岁这一时期，也是个体身心发展的加速期和过渡期。11、12岁到14、15岁这段时期称为青春期、少年期，相当于初中阶段；14、15岁到17、18岁称为青年早期，相当于高中阶段。身心发展的不平衡性带来了一系列的心理危机，因此青春期最大的特点就是矛盾性。本章主要介绍青少年生理和心理发展的特点。同时，本章还阐述了青少年在认知、自我、社会性、情绪等方面的发展特点。

本章内容属于重要考点之一。在考试中，第一节和第五节的内容通常以选择题的形式进行考查；第二节和第四节的内容属于本章重点，在考试中非常容易以简答题、论述题和综合题等形式出题，因此，考生要熟练掌握这两节内容；另外，第三节的思维发展特点、第六节的情绪发展特点也比较容易出现在大题中，考生在复习时不能忽视。

知识地图

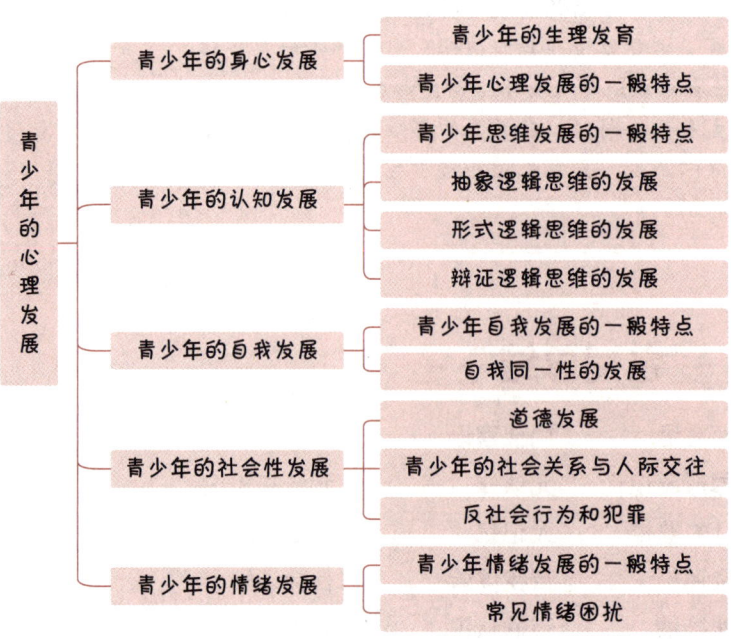

知识精讲

第一节　青少年的身心发展

知识点 1　青少年的生理发育 ★

生理的变化对青少年的心理产生了巨大影响。青少年在向成人期过渡时，必须适应这些变化带来的影响。

1. 青少年心理变化的表现

青春期是个体生长发育的第二个高峰期。在这一时期，生理变化主要表现在身体外形的变化、体内机能的增强以及性的发育和成熟三个方面。

①身体外形的变化表现为身高、体重增长，第二性征出现，头面部出现变化。

②体内机能的增强表现为心脏压缩机能的增强，肺的发育，肌肉力量的增强，大脑的发育。

③性的发育和成熟表现为性激素的增多，性器官和性机能的发育。

2. 第二性征与性成熟

（1）第二性征的出现

睾丸、卵巢所分泌的性激素促成第二性征的发育，从而导致男女形态上的性别特征及性器官、性功能的成熟。

第二性征指能从外部观察到的身体体征的变化。它是性发育的外部表现，是青少年身体外形变化的重要标志。第二性征的出现使青少年男女身体外形的差异日益明显。

（2）性的成熟

生殖系统是人体各系统中发育成熟最晚的，它的成熟标志着人体生理发育的完成。

知识点 2　青少年心理发展的一般特点 ★★★

青少年的生理发育十分迅速，但心理发展的速度相对缓慢，心理发展水平尚处于从幼稚向成熟发展的过渡时期。

1. 生理变化对心理活动的冲击

①由于青少年身体外形的变化，他们产生了成人感，因此，在心理上他们也希望能尽快进入成人世界。在这一过程中，他们感到种种困惑。

②由于性的成熟，青少年萌发了与性相联系的一些新的情绪体验，但又不能公开表现这种愿望和情绪，所以体会到一种强烈的冲击和压抑。

2. 心理上成人感与幼稚性的矛盾

青少年的成熟性主要表现为他们产生了对成熟的强烈追求和感受，这来自身体的快速发育及性的成熟；幼稚性主要表现在认知能力、思想方法、人格特点及社会经验上。

青春期个体的心理活动往往处于矛盾状态，其心理水平呈现半成熟半幼稚性，且具有明显的不平衡性。

（1）反抗性与依赖性

①反抗性：青少年产生了一种强烈的成人感，进而产生了强烈

的独立意识。他们对一切都不愿顺从，常处于一种与成人相抵触的情绪状态中。

②依赖性：青少年的内心并没有完全摆脱对父母的依赖，表现为希望从父母那里得到精神上的理解、支持和保护。

（2）闭锁性与开放性

①闭锁性：青少年渐渐将内心封闭起来。

②开放性：青少年很希望与他人交流、沟通并获得他人的理解与帮助。

（3）勇敢与怯懦

①勇敢：在某些情况下，青少年表现得十分勇敢。但这种勇敢带有莽撞和冒失的成分，具有"初生牛犊不怕虎"的特点。

②怯懦：在另一些情况下，青少年常常表现得怯懦。

（4）高傲与自卑

青少年尚不能确切地认识和评价自己的智力潜能和性格特征，因而他们对自己的自信程度把握不当。在同一个体身上，高傲和自卑情绪往往交替出现。

（5）否定童年与眷念童年

①否定童年：青少年的成人意识明显，其力图从各个方面对自己的童年加以否定。

②眷念童年：在否定童年的同时，青少年的内心又留有几分对自己童年的眷恋。

> **本节小结**
>
> 青春期是个体生命全程中的一个极为特殊的阶段，是生理发育的加速期。在这一时期，青少年的身高和体重迅速增长，性器官和性机能日趋成熟，生理的加速发展使他们具有敏感的"身体自我"。
>
> 人的生理发展与心理发展是密切联系的。青春期的生理发育迅速，心理发展则相对缓慢，由此导致的不平衡引起了心理发展上的种种矛盾，具体体现在生理变化对心理活动的冲击、心理上成人感与幼稚性的矛盾两个方面。其中，矛盾性又具体表现为反抗性与依赖性、闭锁性与开放性、勇敢与怯懦、高傲与自卑。

第二节　青少年的认知发展

知识点 1　青少年思维发展的一般特点 ★★

1. 逻辑思维的分类　　　　　>> TIPS ①

按照思维所遵循的逻辑规律与所用的逻辑方法的不同，逻辑思维（又称抽象逻辑思维、抽象思维）可以分为**形式逻辑思维**和**辩证**

形式逻辑思维、辩证逻辑思维属于抽象逻辑思维的不同发展阶段。

逻辑思维两大类。形式逻辑思维是个体抽象逻辑思维发展的初级形式，在初中阶段开始发展，高中时期达到完善；辩证逻辑思维则以形式逻辑思维为基础进行发展，在高中时期迅速发展。

2. 青少年思维发展的基本模式

形式逻辑思维和辩证逻辑思维的发展和成熟，是青少年思维发展和成熟的重要标志。其基本模式是由形象思维、抽象思维过渡到辩证思维，主要特点是思维逐步符号化。

与童年期儿童相比，青少年发展了抽象的、科学的思维能力，具体表现为

（1）思维的概括能力增强；

（2）能使用假设检验和更加一般的逻辑规则进行思考，不再需要借助于具体事物和事件；

（3）思维活动中的自我意识成分增多，思维的反省性和监控性明显提高；

（4）辩证思维能力增强，看问题不再绝对化；

（5）思维的创造性迅速发展。

知识点 2 抽象逻辑思维的发展 ★

1. 抽象逻辑思维的含义和特征

抽象逻辑思维是一种通过假设进行的、形式的、反省的思维。这种思维具有以下特征：

①通过假设进行思维。

②思维具有预计性。

③思维形式化。

④在思维活动中，自我意识和监控能力明显化。

2. 抽象逻辑思维发展的主要表现

在青少年期，个体的抽象逻辑思维逐渐发展并进入成熟期。其标志是，抽象逻辑思维初步完成从经验型向理论型的转化。

（1）少年期（初中阶段）

在少年期的思维中，抽象逻辑思维虽然开始占优势，但是在很大程度上还属于经验型，需要感性经验的直接支持。在这一时期，抽象逻辑思维的发展特点在运用假设的能力上有所体现。

（2）青年早期（高中阶段）

青年早期的抽象逻辑思维属于理论型，表现为个体能在头脑中进行完全属于抽象符号的推导，能用理论作指导来分析、综合各种事实材料。高中生的抽象逻辑思维已具有充分的假设性、预计性及内省性。

> **TIPS 2**
>
> 抽象逻辑思维就是要求人们撇开具体事物，运用概念和假设进行思维活动。

知识点 3　形式逻辑思维的发展 ★

1. 形式逻辑思维的含义

根据皮亚杰的认知发展阶段理论，青少年正处于形式运算阶段。形式运算阶段的思维属于形式逻辑思维。

形式逻辑思维指能按假设验证的科学法则解决问题，能按形式逻辑的法则思考问题。它是个体抽象逻辑思维发展的初级形式，主要表现在概念、推理能力和逻辑法则的发展等方面。

2. 形式逻辑思维发展的主要表现

（1）概念的发展

青春期个体逐步掌握了更多的抽象概念和更复杂的概念系统，能够对概念做出比较全面的、反映事物本质特征及属性的、合乎逻辑的定义，即逐步摆脱了零散、片段的现象，日益形成系统的、完整的概念体系。

（2）推理能力的发展

初中生逻辑推理能力的发展是不平衡的，归纳推理的能力强于演绎推理的能力。另外，青少年的推理水平也存在一定的个体差异。

（3）逻辑法则的发展

初中生已经基本掌握并能运用逻辑法则，主要表现在对于矛盾律、排中律和同一律的认识上，到高中二年级，学生在掌握和运用逻辑法则方面已经趋于成熟。

知识点 4　辩证逻辑思维的发展 ★　

1. 辩证逻辑思维的含义

辩证逻辑思维是抽象逻辑思维发展的高级形式。辩证逻辑思维是反映客观现实的辩证法，是主体自觉或不自觉地按照辩证法所进行的思维。最早对儿童和青少年的辩证逻辑思维发展进行研究的是皮亚杰。

2. 辩证逻辑思维发展的主要表现

初三是青少年辩证逻辑思维迅速发展的阶段，是一个重要的转折期。高中生的辩证逻辑思维已趋于占据优势地位，但形式逻辑思维的发展水平仍高于辩证逻辑思维的发展水平，直到青年晚期，辩证逻辑思维才发展为主要的思维形态。

> **本节小结**
>
> 青少年的认知发展主要体现在思维发展上，其主要特点是抽象逻辑思维不断发展。在抽象逻辑思维中，形式逻辑思维是初级形式，辩证逻辑思维是高级形式。到高中阶段，辩证逻辑思维逐步取代形式逻辑思维，趋于在思维结构中占据优势地位。

TIPS 3

除了形式逻辑思维和辩证逻辑思维之外，青少年也能够对自己的思维活动进行监控和调节。这实际上是元认知的成分，是一种对思维本身进行的思维。

第三节 青少年的自我发展

知识点 1 青少年自我发展的一般特点 ★★★

1. 自我意识的发展

（1）自我意识发展的第二个飞跃期　　>> TIPS ①

①少年期又称"自我的第二次诞生"时期，自我在这一时期得到了前所未有的发展。

②出现原因：由于青春期的生理变化，青少年在产生一种惶惑感的同时，自觉或不自觉地将自己的思想重新指向主观世界，使思想意识再一次进入自我，从而导致自我意识发展的第二次飞跃。

③具体表现：内心世界越发丰富，内省行为增多；个性上的主观偏执性增强，思维以自我为中心，关注他人对自己的评价。

（2）心理断乳期　　>> TIPS ②

霍林沃思最先提出了心理断乳期的说法。青少年要求独立自主，急于摆脱父母的控制，开始割断与父母之间的心理联结，形成了所谓的"心理断乳期"。

（3）青少年自我意识的发展特点

①自我意识中独立意向的发展：青少年已经完全意识到自己是一个独立的个体，因此对独立的需求日益强烈。

②自我意识成分的分化：青少年在心理上将自我划分为"理想自我"和"现实自我"两个部分，这种分化使他们产生了按照自己的想法去判断和控制自己言行的要求和体验，同时引发自我矛盾。

③强烈地关心着自己的个性成长：青少年十分关心自己个性特点方面的优缺点，在对他人、对自己进行评价时，也将个性是否完善放在首要位置。

④自我评价的成熟：青少年能独立地评价自己的内心品质，评价行为的动机与效果的一致性情况等，在一定程度上达到了主客观的辩证统一。

⑤有较强的自尊心：青少年在其言行受到肯定和赞赏时，会产生强烈的满足感；反之，易产生强烈的挫折感。

⑥道德意识的高度发展。

2. 自我概念的发展

（1）青少年自我概念的发展特点　　>> TIPS ③

①自我概念更抽象：处于青春期的个体不再用很具体的词语描述自己的特征，而是更经常用概括性的、抽象的词语来描述。

②自我概念正负性的转变：自我价值整体评价和具体领域自我

TIPS ①

自我意识发展的第一个飞跃期出现在1~3岁，以儿童可以用代词"我"来标志自己为重要特点。

TIPS ②

心理性断乳与婴儿期因断乳而改变营养摄取方法的生理性断乳相对。它们的共同特点是，断乳前所形成的习惯与新的需要、冲动、行动不相适应。

TIPS ③

①自我概念更抽象：在青少年的自我概念中，我们能看到更多的价值观或思想意识方面的东西。例如，对自己的认识从"我喜欢食物"到"我是一个自由主义者"。

②自我概念正负性的转变：从儿童消极的自我概念向积极的自我概念转变。

③自我概念更具整合性和组织性：例如，青少年把"温和"和"易怒"这样的特质整合进"情绪化"这一特质中，说明他有时候和人交往很温和，在某些情境中则易怒，整体而言，他认为自己是个情绪化的人。

④自我概念的结构更分化：例如，青少年认为，他和朋友在一起时是个活泼开朗的人，但和家人在一起时，就是一个沉默寡言的人。

价值的积极性会在青春期逐渐上升。

③自我概念更具**整合性**和**组织性**：处于青春期的个体会将自我概念整合为更具逻辑性和连贯性的统一体，包括那些看起来互相矛盾的方面。

④自我概念的结构更**分化**：青春期的个体认识到自我在不同情境下会有不同的表现，会根据自己的不同社会角色分化出不同的自我概念。

（2）影响青少年自我概念的因素

①**生理因素**：主要是身体形态上的变化。

②**认知水平**：具有较高认知水平的青少年往往具有更适当、更稳定的自我概念。

③**父母的自我概念倾向**：对青少年自我概念的影响是同方向的。

④**成功及失败经验的积累**：这也是影响青少年自我概念性质的一个因素。

3. 自我评价的发展　　》TIPS ④

①自我评价的能力在**青年早期**才开始成熟。

②青少年在自我评价的发展上表现出**个体差异**，大部分青少年能够进行适当的自我评价，但相对而言，青少年易出现**自我评价偏高**的倾向，并由此导致行为表现上的**自负**。随着年龄的增长，这种情况会得到改善，自我评价与其实际表现会日趋一致。

③自我评价能力发展的最终结果将导致青少年更好地实现自我监督和调控、自我改造和完善。

4. 自我中心的发展　　》TIPS ⑤

青少年的自我中心是一种热衷于自我的表现，甚至他走在路上会感到满街的人都在注视他。青少年的自我中心主要包含假想观众、独特自我两个特点。

①**假想观众**：青少年往往把自己看作被人观察的对象，是别人注意的焦点，于是产生了"假想观众"。

②**独特自我**：又称个人寓言、个人神话。青少年常常感到自己的情感是独一无二的，认为别人都不会理解自己。他们自以为有一种不易受伤害的自我不朽的天真想法，认为自然法则或社会法则只对别人起作用，而自己是个例外。

知识点 2 ｜ 自我同一性的发展 ★★★

1. 自我同一性的含义　　》TIPS ⑥

自我同一性是指个体在特定环境中的自我整合与适应之感，是个体寻求内在一致性和连续性的能力，是对"我是谁""我将来的发

到了青少年阶段，个体逐渐摆脱成人评价的影响，而产生了独立评价的倾向。

幼儿期也存在自我中心，但其原因是幼儿不能将自我与外界区分开来；青少年期的自我中心是因为青少年不能明确认识到他们自己的关心焦点与他人的关心焦点的不同。

如果一个青少年能够清楚地了解现实中的自己，了解自己的外貌、个性、信仰、民族、职业等，同时了解现在与过去的自己之间的连续性，知道自己将来会成为一个什么样的人，那就可以说，自我同一性获得了较好的发展。

展方向""我如何适应社会"等问题的主观感受和意识。依据埃里克森的观点，青少年期是个体形成自我同一性的关键期。

2. 自我同一性的四种状态

马西娅根据青少年探索和投入的程度，划分了自我同一性的四种状态。

>> TIPS ⑦

① 同一性扩散：个体既不探索，也不投入。他们不知道自己是谁，不知道想做什么，没有明确的发展方向，无法成功地做出选择，逃避思考问题。

② 同一性早闭/同一性拒斥：个体还没有经过探索就过早地做出选择（投入）。他们缺乏主见，人生选择往往由权威的父母、教师等人做出，而不是自己探索得出的。

③ 同一性延缓：个体正处于同一性危机之中，在一定程度上进行了探索，但延迟做出选择（投入）。他们仍在探索和积累知识，参加各种活动，希望找到引导其生活的价值观和目标，因而表现出相对较强的焦虑感，体验着心理冲突。

④ 同一性完成/同一性获得：个体进行了探索，也进行了积极投入。这类青少年往往是心理最健康的。青少年在经历同一性危机后，经过探索性的选择，将已经明确形成的价值观和目标付诸行动。

自我同一性的四种状态及其主要特点如表7-1所示。

表7-1 自我同一性的四种状态及其主要特点

状态	同一性扩散	同一性早闭	同一性延缓	同一性完成
特点	无探索无投入	无探索有投入	有探索无投入	有探索有投入

青少年自我同一性冲突的解决是在 18~22 岁，尽管整个青少年期都存在对自我的探索，但自我同一性最重要的变化发生在中晚期，20 岁左右是建立自我同一性的关键时期。

>> TIPS ⑧

3. 影响自我同一性的因素

青少年的自我同一性形成过程至少受四个因素的影响：认知发展水平、与父母关系的远近以及父母的教养方式、与同伴群体的相处以及友谊的建立、学校和社会以及更广泛的文化背景。

> **本节小结**
>
> 青少年时期是自我发展的飞跃期，个体的自我意识进一步发展，在自我概念、自我评价等成分上都获得了高度的发展，并趋于成熟。其中，比较特殊的是自我同一性的发展，自我同一性的含义和状态都是本节的重点内容。

TIPS ⑦

在形成自我同一性的过程中，个体会经历探索和投入的阶段。探索（危机）是个体探索其他可能性的发展阶段；投入（承诺）表现为个体对他们要做的事的思考和选择。

TIPS ⑧

自我同一性的形成需要很长时间。许多成人仍旧在为获得自我同一性而挣扎。例如，离婚可能引起女性重新思考婚姻对女人来说意味着什么，也重新提出其他方面的自我同一性问题。

第四节 青少年的社会性发展

知识点 1　道德发展 ★

依据科尔伯格的道德发展阶段理论，青春期的道德判断以第二阶段（天真的利己主义）和第三阶段（好孩子定向阶段）为主，同时也出现了第四阶段（维护权威和秩序的定向阶段）的道德判断。道德推理的发展趋势是从前习俗水平向更为习俗化的水平转变，而后习俗水平直到成年期才开始表现出来。

同时，由于青少年所面对的社会环境的复杂性，青少年道德发展的模式呈现出一定的个体差异。

知识点 2　青少年的社会关系与人际交往 ★

1. 同伴关系

（1）逐渐克服了团伙的交往方式

①青少年交友的范围随年龄增长而逐渐缩小。

②青少年的好友一般为同性，朋友关系十分密切，建立的友谊相对稳定和持久。

（2）朋友关系在青少年生活中日益重要

①进入青春期后，青少年将感情的重心逐渐转向关系密切的朋友。

②青少年对交友的意义有了新的认识，认为朋友之间应该能够同甘苦，共患难，能够从对方那里得到支持和帮助。

③青少年对朋友的质量产生了特殊的要求，认为朋友之间应该坦率、通情达理、关心别人、保守秘密等。

④青少年在交友上有多层次的特点，交往对象因共同兴趣不同而不同。

⑤青少年的朋友关系对于其心理发展水平和情绪的稳定性是非常重要的，主要表现在以下几个方面：探索自我并确定新的自我概念；寻求理解和支持；获得地位；克服孤独并提供情感上的支持。

（3）与异性朋友之间的关系

①双方都开始意识到了性别问题，并对对方逐渐产生了兴趣。

②在最初阶段，他们对异性的兴趣以一种相反的方式予以表达，从表面上看他们并不互相接近，而是相互排斥，逐渐地，男女生之间开始融洽相处。

2. 与成人的关系

（1）青少年与父母的关系的变化

①情感上的脱离。由于青少年在情感上有了其他的依恋对象，

与父母的情感便不如以前亲密了。

②**行为上的脱离**。青少年要求独立的愿望十分强烈，在行为上反对父母干涉和控制他们。

③**观点上的脱离**。青少年对于任何事件都喜欢自己进行分析和判断，不愿意接受现成的观念和规范。因此，他们对于以前一贯信奉的父母的许多观点都要重新审视，而审视的结果与父母意见常常不一致。

④**父母榜样作用的削弱**。一方面会有其他更接近理想水平的成人形象进入青少年的心目中；另一方面，青少年逐渐发现了父母身上的某些缺点。

（2）青少年与教师的关系的变化

青春期的少年不再盲目地接受教师，他们开始品评教师，而且在每个学生的心目中都有一两位最钦佩的教师。

知识点 3 反社会行为和犯罪 ★

1. 反社会行为和犯罪的含义　　》TIPS ①

青少年违反社会规范和社会行为准则或从事各种违反法律的行为等，属于反社会行为和犯罪。

青少年的违法行为的比例比其他年龄阶段的人要高，且具有一定的普遍性。其原因在于青少年期的冲动和这一时期的个体已经具备一定能力。13~14岁青少年的犯罪率最高。

2. 反社会行为的理论解释

（1）社会信息加工模型

道奇等人的社会信息加工模型认为，个体表现出的攻击行为，存在一个相应的信息加工流程：编码—解释—建构社会目标—产生问题解决策略—评价各种策略的有效性和选择反应—反应执行。高攻击性的个体容易在各个加工步骤中出现偏差或缺陷。

（2）高压家庭环境理论

帕特森等人的高压家庭环境理论认为，高度反社会的青少年往往面对着高压的家庭环境。在这样的家庭中，家庭成员彼此之间都试图控制别人，采取的手段通常是威胁、恐吓与攻击。在这种情况下，青少年不成熟的道德推理及其对社会信息的加工会导致他们出现反社会行为。

3. 青少年犯罪的特点

①犯罪率增加。

②犯罪年龄下降，且团伙性犯罪居多。

③闲散青少年等群体违法犯罪行为凸显。

> **TIPS ①**
>
> 反社会行为是与亲社会行为相对的概念，是侵犯行为发展到青少年时期的高级别体现。

④家庭问题和失学、辍学问题对青少年违法犯罪的影响明显。
⑤非法网吧、毒品等不良因素导致的青少年违法犯罪上升。

4. 影响青少年犯罪的因素

①<u>家庭因素</u>：家庭破裂；父母素质偏低，亲子沟通不足；家庭教育观念偏差，教育方式方法不对。

②<u>同伴因素</u>：群体压力；亚文化群体的影响。

③<u>青少年自身因素</u>：青少年时期的个体集众多矛盾于一身，如果得不到正确的引导，青少年就会走上歧途，甚至违法犯罪。

> **本节小结**
>
> 青少年的社会性发展主要包括道德发展、社会关系与人际交往、反社会行为和犯罪。青少年正处在科尔伯格道德发展阶段理论的第二、三阶段，同时也可能出现第四阶段的道德判断。青少年的社会关系与人际交往发生了新的变化，具体表现在同伴关系、与父母的关系、与教师的关系。由于青春期各种因素的相互作用，青少年容易出现反社会行为和犯罪行为，因此，成年人要正确引导青少年，帮助他们顺利度过这一特殊阶段。

第五节 青少年的情绪发展

知识点 1 青少年情绪发展的一般特点 ★★★

1. 青少年的情绪特点　　　　　　　　　　》TIPS ①

青少年的情绪表现充分体现出<u>半成熟半幼稚</u>的矛盾性特点。

（1）情绪表现的两极性

①<u>强烈、狂暴性和温和、细腻性共存</u>：强烈、狂暴性是指情绪反应大，甚至达到震撼人心的程度；温和性是指个体的某些情绪经过文饰之后，以一种较为缓和的形式表现出来，细腻性是指个体情绪体验上的细致的特点。

②<u>情绪的可变性和固执性共存</u>：可变性是指情绪体验不够稳定，常从一种情绪转为另一种情绪；固执性是指情绪体验上的固执性。

③<u>内向性和表现性共存</u>：内向性是指情绪表现形式上的一种隐蔽性；表现性是指在情绪表露过程中，自觉或不自觉地带上了表演的痕迹。

（2）心境的变化　　　　　　　　　　》TIPS ②

①<u>烦恼突然增多</u>：不知道应该以何种姿态出现于公众面前；与父母的关系出现裂痕；不知如何保持或确立自己在同伴之中应有的地位。

②<u>孤独</u>：青少年的内心冲突及在现实中所遇到的挫折都较多，青少年对许多问题还不能依靠自己的力量和能力去解决，又不愿求

青少年情绪过激和无常与青春期的激素分泌有关。此外，社会任务的变化、身体发育的变化对青少年情绪的影响也不容忽视。

与童年期儿童相比，青少年容易陷入各种消极的心境。在生活中一旦遇到不如意的事，他们的情绪往往会产生很大波动，甚至会"想不开"，走向自毁或自杀。

助于父母或其他人，因此产生一种孤独的心境。

③**压抑**：青少年有多方面的需求，但有许多需求不能满足，自尊心易受到打击，但又有争强好胜的冲动，在这种矛盾的情形下，他们常常处于压抑的状态。

（3）反抗心理　　　　　　　　　　　　　　　>> TIPS ③

反抗心理是青少年普遍存在的一种个性心理特征，主要表现为对一切外在力量予以排斥的意识和行为倾向。

①反抗心理产生的原因：中枢神经系统的兴奋性过强；自我意识的突然高涨；独立意识的增强。　　　　　　>> TIPS ④

②易出现反抗心理的情况：独立意识受到阻碍；自主性被忽视或受到妨碍；个性伸展受到阻碍；成人强迫青少年接受某种观点。

③反抗心理的表现：

a. 态度强硬、举止粗暴。

b. 漠不关心、冷淡相对。

c. 反抗的迁移性：当某个人某一方面的言行引起了青少年反感时，他们就倾向于将这种反感迁移到这个人的方方面面，甚至将这个人全盘否定。

2. 青少年情绪能力的发展

（1）自我意识情绪的发展　　　　　　　　　　>> TIPS ⑤

自我意识情绪是个体在具有一定自我评价的基础上，通过自我反思而产生的情绪，包含内疚、羞耻、尴尬、妒忌、自豪等。随着自我意识的增强、自我评价体系的完善，青少年越来越重视人与人之间的关系，比如友谊等。

（2）情绪理解的发展

情绪理解指理解情绪的原因和结果的能力，以及应用这些信息对自我和他人产生适当情绪反应的能力。青少年有较强的洞察力，许多人会认识到，对同一种社会现象，不同道德水平的人可产生不同的情绪体验。

（3）情绪表达和调控能力的发展

青少年能够根据不同场合而合理地隐藏某些情绪，以表现出适合的情绪。除了合理地表达情绪之外，青少年也学会了运用各种策略来影响情绪本身。情绪调节能力的提高是建立在青少年深刻的情绪体验之上的。　　　　　　　　　　　　　　　　>> TIPS ⑥

知识点 2 常见情绪困扰 ★

1. 自卑感

自卑感是指对自己的能力、存在价值有着比较低的评价。青

TIPS ③

第一逆反期是幼儿期，此阶段的反抗主要指向身体方面，即反对父母对他们身体活动的约束；第二逆反期是青春期，反抗主要针对某些心理内容，如希望成人能尊重他们，承认他们具有独立的人格。

TIPS ④

中枢神经系统属于生理层面的原因，自我意识和独立意识属于心理层面的原因。

TIPS ⑤

自我意识情绪的出现要晚于基本情绪，它以认知能力的发展为前提。

TIPS ⑥

拥有深刻的情绪体验之后，青少年能清晰认识到积极情绪或消极情绪带来的体验和后果，并且可以更好地选择策略去应对各种情绪。

少年自卑感的主要特点是自我评价低；概括化、泛化；敏感性和掩饰性。

2. 焦虑

引起青少年焦虑的原因主要有适应困难和考试。

3. 抑郁

抑郁是由社会、心理因素引起的一种持久情绪低落的状态，常伴有厌恶、痛苦、羞愧、自责等情绪体验，是青少年较为普遍的心理困扰。抑郁主要表现为情绪低落、郁郁寡欢、对生活缺乏信心等。造成青少年抑郁的原因有很多，除了遗传学和生物学的因素外，主要是创伤性事件、持续积累的不良体验和个人认知特征。

4. 孤独

青少年产生了对亲密感的需求，但能满足这种需求的社会关系还没有建立起来，因此容易陷入孤独。

5. 恐惧

青少年的神经系统功能不稳定，社交技能、意志品质等各方面存在欠缺，心理承受能力比较弱，青少年会对某种特定的对象或者场景产生强烈的不安和害怕。

> **本节小结**
>
> 本节主要介绍青少年的情绪发展，包括青少年的情绪特点、情绪发展的一般特点和常见情绪困扰。青春期是充满矛盾的时期，情绪具有两极性。由于难以适应剧烈的身心变化，青少年的烦恼突然增多；由于要在心理上脱离父母的保护和对他们的依赖，青少年容易感到孤独；同时，由于独立、自尊等需要无法得到充分的满足，他们也可能感到压抑，可能会疏远父母或成年人，出现反抗心理。一些青少年还可能产生消极悲观的情绪，甚至会出现抑郁、焦虑等问题。

名词总结

第二性征	**抽象逻辑思维**	**形式逻辑思维**	**辩证逻辑思维**
"自我的第二次诞生"时期		**心理断乳期**	**假想观众**
独特自我	**自我同一性**	**同一性扩散**	**同一性早闭**
同一性延缓	**同一性完成**	**反抗心理**	

第八章 成年期的心理发展

知识导读

本章主要介绍成年期的心理发展。成年期又可分为早期、中期和晚期三个阶段，成年晚期即老年期。本章内容包括成年期的发展任务和三个时期的发展特点。一方面，成年期是前面几个人生阶段心理发展的延续；另一方面，这一时期会出现一些新的特点，如流体智力下降、认知老化、人格基本稳定等。

在考试中，第一节和第四节的内容属于本章重点，其中，埃里克森和莱文森的理论在考研真题中曾以综合题的形式进行考查；第二节和第三节的知识点常见于选择题、简答题当中，简单了解即可。

知识地图

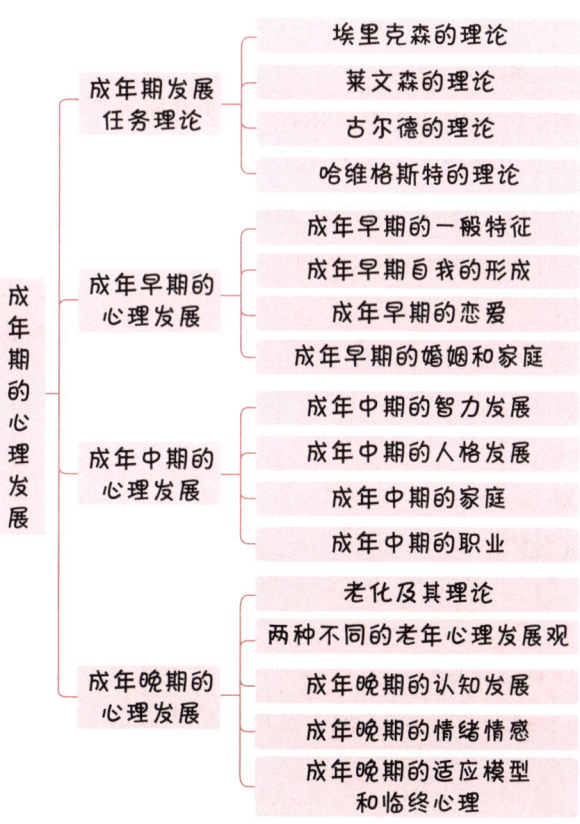

知识精讲

第一节 成年期发展任务理论

知识点 1 埃里克森的理论 ★★★ » TIPS ①

依据埃里克森的观点，成年期可分为成年早期、成年中期和老年期三个阶段，每一阶段都有其特定的发展任务。

1. 成年早期（18~25 岁）

成年早期的主要任务是获得亲密感，避免孤独感，体验爱情的实现。

2. 成年中期（25~50 岁）

成年中期的主要任务是获得繁殖感，避免停滞感，体验关怀的实现。

3. 老年期（50 岁至死亡）

老年期的主要任务是获得完善感，避免失望、厌倦感，体验智慧的实现。

知识点 2 莱文森的理论 ★★★

1. 基本观点

①莱文森认为，成人发展由一系列交替出现的稳定期和转折期构成，稳定期和转折期的区别在于生活结构是否发生了变化。在稳定期，成人建立自己的价值观、信念和优势；在转折期，成人改变过去建立起来的东西，建立新的系统。 » TIPS ②

②每个人都会经历转折期，但转折期并不意味着一定发生明显的混乱。莱文森非常强调成年中期转折。他认为这样的转折会发生在 40 岁出头的时候。在这一时期，个体要面临四个重要的问题：依恋、分离、渴望亲密关系以及需要时间内省和认识自己。

2. 五个转折期（过渡期）

①成年早期过渡期（17~22 岁）。

② 30 岁过渡期（28~33 岁）。

③成年中期过渡期（40~45 岁）。

④ 50 岁过渡期（50~55 岁）。

⑤成年晚期过渡期（60~65 岁）。

知识点 3 古尔德的理论 ★

古尔德认为成年人的发展就是将自我从童年的种种限制（主要来自父母）中脱离出来，建立自己的同一性。成年期可以分为以下七个阶段。

① 16~18 岁：逃离控制时期。

TIPS ①

埃里克森的理论在第二章有更为详细的介绍，考生可对照第二章内容进行深入学习。

TIPS ②

稳定期指成年早期、成年中期和成年晚期的稳定阶段，转折期指每两个时期之间衔接的阶段。

② 18~22 岁：离开家庭时期。

③ 22~28 岁：建立可行的生活方式时期。

④ 29~34 岁：信念危机时期。

⑤ 35~43 岁：生命危机时期。

⑥ 43~50 岁：获得稳定时期。

⑦ 50 岁以后：老成持重时期。

知识点 4 哈维格斯特的理论 ★

1. 成年早期 » TIPS ③

哈维格斯特认为成年早期的发展任务包括以下十点：

①学习与同龄男女之间新的熟练的交际方式。

②学习作为男性或者女性的社会任务及角色。

③认识自己的身体构造，有效地使用自己的身体。

④从精神上独立于父母或者其他人。

⑤具有经济上自立的自信。

⑥选择职业并为其做准备。

⑦做结婚及家庭生活的准备。

⑧发展作为社会一员所必须具备的知识和态度。

⑨追求并完成富有社会性责任的行动。

⑩学习作为行动指南的价值观和伦理体系。

2. 成年中期 » TIPS ④

哈维格斯特认为，成年中期是人一生中的一个特殊时期，它不仅是个体对社会影响最大的时期，也是社会向个体提出最多、最高要求的时期。他把成年中期的发展任务归纳为以下七点：

①履行成年人的公民责任与社会责任。

②建立与维持生活的经济标准。

③开展成年期业余活动。

④帮助未成年的孩子成为有责任心的、幸福的成年人。

⑤同配偶保持和谐的关系。

⑥承受并适应中年人生理上的变化。

⑦与老年父母相适应。

TIPS ③

①~③：认识自己的身体，学习新的交际方式和社会任务。

④~⑤：精神和经济独立。

⑥~⑦：成家立业。

⑧~⑩：发展知识、态度和价值观，承担社会责任。

TIPS ④

对自己（①、②、③、⑥）：履行责任、建立经济标准、开展活动、适应生理变化。

对他人（④、⑤、⑦）：帮助未成年、家庭和谐、适应父母。

本节小结

本节主要介绍成年期发展任务理论。所谓发展任务，就是在某一阶段要解决的主要矛盾或要解决的主要问题。与其他发展阶段相比，成年期有着独特的发展任务。不同心理学家从不同角度进行了阐述，比较有代表性的观点包括埃里克森、莱文森、古尔德、哈维格斯特的理论。

第二节　成年早期的心理发展

知识点 1　成年早期的一般特征 ★★

1. 从成长期到稳定期的变化

儿童和青少年阶段被称为成长期。进入成年早期后，个体进入稳定期。

2. 智力发展到达全盛时期　》TIPS ①

成年早期的思维方式由以形式逻辑思维为主转为**以辩证逻辑思维为主**，思维更具相对性、变通性、灵活性、整合性和实用性。在成年早期的最后阶段，**创造性思维发展达到高峰**。

3. 恋爱、结婚到为人父母

个体在 18 岁后开始考虑婚姻问题，为人父母成了成年早期个体最重要的角色。

4. 创立事业到紧张工作

成年早期的个体进入了现实阶段，开始选择职业，并在一定领域实现自己的愿望。

5. 困难重重到适应生活

成年早期的个体将面临很多从未遇到的困难，如养儿育女、解决经济问题等。因此，良好的生活适应能力成为这一时期的主要发展课题。

知识点 2　成年早期自我的形成 ★★

1. 成年早期自我意识的发展

（1）成年早期自我意识发展的内、外部条件

①青年开始将注意力集中到发现自我、关心自我的存在上来，开始经常思考"我是谁""人生的意义是什么""人为什么活着"等问题。

注意力转移到内心世界的原因有以下几点：

第一，身体的急剧成熟，必然造成青年对自我的身体、内驱力及内部欲求等的注意和关心；

第二，社会人际关系的扩大，必然导致青年将自己的性格、能力等与他人进行比较，从而引起对自己的素质、天赋等问题的关心；

第三，认识能力的发展，必然引起青年对自己的行为及其产生的原因、可能的结果以及自己的存在价值和人生意义的思考。

②成年早期的青年对外界的看法更加深刻而广泛，而且这种对外界的注意和关心是建立在以探讨自我为核心内容的基础之上的。

（2）成年早期自我意识发展的特点

成年早期自我意识形成了明显的**特点**，内容得到了极大的丰富

①研究者发现，形式逻辑思维并非思维的最高形式。他们用后形式思维、辩证思维等不同的概念来描述思维发展的第五个阶段（即超出皮亚杰提出的四个阶段之外）。辩证逻辑思维的主要特点是：既反映事物之间的相互区别，也反映事物之间的相互联系；既反映事物的相对静止，也反映事物的相对运动；在强调确定性和逻辑性的前提下，承认相对性和矛盾性。

②创造性思维在成年早期处于上升阶段，在 30 岁末或 40 岁初达到顶峰，然后逐渐下降。这种发展趋势存在个体差异和领域差异。

和分化，具体表现为：①自我概念开始具备复杂的多维度、多层次的心理结构；②自我评价更加独立，也更加独特，更趋于稳定；③自我体验的内容更加丰富，与自我有关的内心体验更加深刻，也更加敏感。

（3）成年早期自我意识发展的影响因素

①青年在生活中所积累的经验直接影响到自我意识的发展，特别是成功和失败的经验对自我的形成及自我意识的发展的影响更大。

②来自社会及他人的评价对自我意识的修正、自我的形成也产生作用。自我意识尚未确立的青年，往往对他人的评价非常敏感。成年早期的青年能够通过他人对自己的态度、评价来认识并确认自我的存在价值。

③独立意识的发展使处于成年早期的个体对自我的认识和评价不再完全凭借一时的成败及别人对自己的态度及评价，而是有了自己独立的内在价值判断标准，这对形成稳定、牢固的自我具有重要的作用。

④随着年龄的增长，个体在社会及家庭中的地位及身份等都会发生变化，其社会角色也会发生相应的变化，这些使得成年早期的个体不断地探索自我在社会及家庭中的地位，从而获得对自我更深入和稳定的认识。

2. 成年早期自我同一性的确立

①埃里克森认为，自我同一性在 15~18 岁确立，但后来的研究表明，大约要到大学期间，个体才能达到同一性的确立。

②刚步入成年期的青年，虽然他们应该而且有能力承担诸多社会责任和义务，但他们在做出某种决断的时候往往会进入一种"暂停"局面，以尽可能地满足避免同一性提前完结的内心需要。在延缓所承担的义务和责任的同时，青年学习并实践种种角色，以掌握各种本领。由于确立自我同一性需要一定的时间，在这段时间内，青年可以一时合法地延缓所必须承担的社会责任和义务，因此，青年期又被称为心理的延缓偿付期。

③有了这种心理的延缓偿付期，青年就可以利用这一时期接触各种人生观、价值观，尝试着从中选择，再检验一下这些内容是否符合自己，经过这种循环往复，就可以决定自己的人生观、价值观及将来的职业等，最终确立自我同一性。

知识点 3 成年早期的恋爱 ★

爱情是指男女间一方对另一方所产生的爱慕恋念的感情。

1. 相关理论

（1）成人依恋理论——阿藏、谢弗

成人依恋理论认为成人的爱情关系是一种依恋过程，即与伴侣建立爱情联结的过程，类似于婴儿在幼年时期与双亲建立依恋情感联结的过程。

（2）成人的依恋关系分类——巴塞洛缪和霍罗威茨 TIPS ②

①安全型：认为自己是值得被爱的，他人也是值得被爱和被信任的。

②专注型：认为自己是不值得被爱的和没有价值的，但他人是可接受的。这种类型的成人总是努力赢得他人的接纳，并以此支持消极的自我表象。

③恐惧型：对自己和他人的态度都是消极的。这种类型的成人可能因害怕他人的拒绝而避免与他人发生联系。

④冷漠型：对自己的看法相对积极，认为自己是有价值的，但认为他人会拒绝自己。这种类型的成人会以避免与他人发生联系来作为保护自己、避免自己受到伤害的手段。

（3）爱情风格论——李（Lee）

爱情风格论将青年男女的爱情关系划分为六种类型，即：浪漫式爱情、游戏式爱情、占有式爱情、伴侣式爱情、奉献式爱情、现实式爱情。

（4）斯滕伯格的爱情三元论

认为爱情应包括三种成分，即：**亲密成分、激情成分和决定或承诺成分**。在这三种成分的基础上，将爱情分为以下七种类型，即：喜欢式爱情、迷恋式爱情、空洞式爱情、浪漫式爱情、伴侣式爱情、愚蠢式爱情、完美式爱情。

2. 成年早期的恋爱及爱情观的特点

①恋爱动机呈多元化趋势。

②当代青年择偶更注意个体内在的素质，注重爱情等精神需要。

③当代青年的爱情道德观为：注重双方忠诚的同时，对婚前性行为更加包容。

知识点 4　成年早期的婚姻和家庭 ★★

理想家庭应具备的条件 TIPS ③

①"同一屋檐下"生活：指家庭成员一定要生活在一起。不仅是物理空间，更重要的是指心理层面在一起，即保持亲密的情感联结，维持心灵的沟通。

②夫妻"力动均衡"：指夫妻在力量、动态等各个方面保持均

TIPS ②

巴塞洛缪认为个体对自己的评价可能是积极的或消极的，对其他人的评价也可能是积极的或消极的，由此划分了四种依恋类型：安全型（对自己和他人评价都是积极）、专注型（对自己评价消极、对他人评价积极）、恐惧型（对自己和他人评价都是消极）、冷漠型（对自己评价积极、对他人评价消极）。

TIPS ③

记忆口诀：一屋两人，力动均衡；各尽其责，志同道合；再多一个，一线之隔，互不干涉。

"同一屋檐下"生活+夫妻"力动均衡"——一屋两人，力动均衡。

"父性原理"与"母性原理"的协调+相同的志向——各尽其责，志同道合。

亲子"一线之隔"+"自由与受保护"的空间——再多一个，一线之隔，互不干涉。

衡。凡事应当由夫妻双方或家庭成员共同商量，达成一致。

③亲子"一线之隔"：指父母与子女有清晰的界限，每位家庭成员都保持相对的独立性，亲子都能拥有属于自己的相对自由和空间。

④"自由与受保护"的空间：每个人只要能拥有这一空间，在合适的机会和环境里，潜能就能得到充分发展。

⑤"父性原理"与"母性原理"的协调：父性原理指家庭中父亲的角色作用，即训斥、惩罚等；母性原理指家庭中母亲的角色作用，即疼爱、关心、包庇和袒护等。

⑥相同的志向：家庭成员尤其是夫妻，要有一些共同的兴趣爱好、生活方式等，特别是在世界观、人生观、价值观和道德判断等大的人生信念上，更要努力去保持彼此的一致性，拥有积极向上的力量。

> **本节小结**
> 本节主要介绍成年早期的一般特征、自我的形成、恋爱、婚姻和家庭。成年早期从18岁开始，到35岁结束。在这一时期，个体的身心发展趋于稳定成熟，智力发展达到高峰，经过心理的延缓偿付期，个体逐渐确立自我同一性，形成人生观、价值观，开始恋爱、成家立业并全面履行作为社会成员的责任和义务。

第三节　成年中期的心理发展

知识点 1　成年中期的智力发展 ★★

1. 智力发展的理论

（1）流体智力与晶体智力　　　　　　　　　　》TIPS ①

卡特尔依据智力发展与生理和文化教育的关系，把智力区分为两大类，即流体智力和晶体智力。

①流体智力：以神经生理为基础，随神经系统的成熟而提高，相对地不受教育和文化影响的能力，如知觉速度和机械记忆、识别图形关系的能力。

②晶体智力：指通过掌握社会文化经验而获得的能力，如在词汇、言语理解、常识等方面以储存信息为基础的能力。

青少年期及以前，两种智力都随年龄增长而不断提高。在成年阶段，流体智力缓慢下降，晶体智力保持相对稳定，甚至还会因知识经验的日益丰富而有所上升。

（2）机械型智力和实用型智力　　　　　　　　》TIPS ②

巴尔特斯等人提出了双重过程模型。他们认为，智力主要由机

TIPS ①

流体、晶体智力的含义和例子需熟记，考查频率较高。如归纳推理、空间能力等都属于流体智力；词汇理解、词语流畅性和数字能力都属于晶体智力。口诀：流体留不住，晶体易结晶。流——流失；晶——稳定。

TIPS ②

在双重过程模型中，机械型智力是大脑的"硬件"，负责基本的信息加工活动；实用型智力是大脑的"软件"，是在后天环境中积累的知识、信息或经验。

械型智力、实用型智力构成。

①**机械型智力（认知机械成分）**：可看作**流体智力**概念的引申，与个体的神经生理状况紧密关联，毕生发展轨迹呈倒 U 形，成年早期为从升到降的转折点。

②**实用型智力（认知实用成分）**：可看作**晶体智力**概念的引申，受个体文化知识水平的影响，随个体知识经验的增长而增加。

（3）沙伊的智力适应理论

皮亚杰指出，智力的本质是适应。**沙伊**根据智力适应理论，把人一生的智力发展划分为四个阶段。

①**获取阶段**：儿童及青少年时期，智力发展的主要任务是获取知识和解决问题的技能。

②**实现目标阶段**：成年早期，青年人开始成家立业，主要任务是应用所获得的知识、技能，实现自己的理想和奋斗目标。

③**责任阶段**：成年中期，中年人要履行家庭、社会责任，养育子女，努力工作。

④**整合阶段（重组阶段）**：成年晚期，老年人智力活动的主要任务转向内心世界，重新整合一生的经验。

（4）智力的外显理论和内隐理论

斯腾伯格认为，可将智力理论区分为外显理论与内隐理论两大类。

①**智力的外显理论**：指研究者所掌握的，通过实验性技术发展和形成起来的，在出版物和专业会议中进行传递和分享的理论（有数据的验证和支持）。如心理测量理论和信息加工理论等。

②**智力的内隐理论**：指人们在日常生活和工作背景下形成的、以某种形式保留在人们头脑当中的关于人类智力结构及其发展的看法。

2. 成年中期智力发展的特点

总的来说，成年中期的智力发展模式是：晶体智力继续上升，流体智力缓慢下降；机械型智力在成年早期达到顶峰后下降，实用型智力则不断增长。

知识点 2　成年中期的人格发展 ★★　　>> TIPS ③

1. 自我发展理论

（1）埃里克森的理论　　　　　　　　　　　　　>> TIPS ④

埃里克森认为，自我意识的发展和自我同一性的确立是成年早期的重要发展任务。它决定着个体自我发展的方向和水平，影响着人生观和价值观的形成与稳固。

成年中期人格发展的特点包括：自我调节功能趋向整合水平；日益关注自己的内心世界；性别角色进入整合阶段；对生活的评价具有现实性。

埃里克森的八阶段理论已在第二章中详细介绍，此处不再赘述。

（2）荣格的理论　　>> TIPS ⑤

①内倾-外倾

前半生的发展更多表现为外倾性，重视外部世界，爱好交际；后半生的发展更多表现出内倾性，重视主观世界，趋向于理解年龄、衰老和道德方面的意义。

②男性化-女性化

荣格认为，每个个体都有男性化和女性化的成分。多数时候年轻人表现出的往往只是一方面的成分。当年龄增长后，受压制的另一方面开始显露，男性趋向于女性化，女性趋向于男性化。

（3）洛文杰（拉文格）的自我发展观　　>> TIPS ⑥

洛文杰认为自我是个人与环境交互作用的结果，他采用句子完成测试来测量自我发展水平，把自我发展过程划分为八个阶段。其中，成年期的自我发展主要经历以下四个水平。

①遵奉者水平（从众水平）

处于这一水平的个体表现出强烈的归属需要，行为完全服从于社会规则，如果违反了社会规则，就会感到羞耻、有罪。他们的思维方式也比较简单，常根据是否违反了行为规则而做出"对"或"错"的判断。只有少数成年人处于这个水平。

②公正水平（良心水平）

处于这一水平的个体遵守（或服从）规则是为了自己。社会的、外在的规则已经内化为自己的规则，个体形成了自我评价标准，自我反省思维开始发展。但其思想认识仍具有两极性，倾向于把非常复杂的东西区分为对立的两极。

③自主水平

这一水平的突出特点就是个体能承认、接受这些矛盾与冲突，对这些矛盾与冲突表现出高度的容忍性。

④整合水平　　>> TIPS ⑦

这一水平是自我发展的最高水平，只有极少数人能达到。个体不仅能正视自身的矛盾与冲突，而且还会积极地调节和解决这些矛盾与冲突。

2. 人格的稳定性与可变性

（1）人格的稳定性　　>> TIPS ⑧

进入成年中期后，个体的自我概念已经形成，人格也基本稳定。人格的稳定性有以下三个表现：

①等级顺序的稳定性：指在群体中保持个体的相对位置。

②平均水平的稳定性：指人格特征随着年龄的变化，大体维持在一个稳定水平上。

TIPS ⑤

最早提出自我发展的心理学家是荣格，此后埃里克森对自我发展做了更全面和系统的探讨。

TIPS ⑥

洛文杰提出的前四个阶段分别为：前社会阶段、共生阶段、冲动阶段和自我保护阶段。

TIPS ⑦

整合水平与马斯洛的自我实现水平相似。在这一水平上，个体已实现自我的最大潜力。

TIPS ⑧

例如，人格的大五因素模型测得的结果具有相当程度的稳定性，尤其是在50岁以后，五因素的均数水平很少会有变化。

③人格的一致性：指人格因素的表现形式随时间的推移发生可预期的变化，但根本的人格特质保持稳定。

（2）人格的可变性

人格的稳定性并不排斥人格的变化。人格的改变是指个人内在、相对持久的改变。除了表现形式和量的变化外，少数情况下会有质的变化。

知识点 3 成年中期的家庭 ★★

1. 家庭生命周期的含义

家庭生命周期指从男女双方结为夫妻组成家庭开始，至夫妻双方死亡导致家庭解体而告终的家庭发展过程。

2. 家庭生命周期模式　》》TIPS ⑨

最著名也最常用的家庭生命周期模式是由**格里克**提出来的。他将家庭生命周期分成八个阶段。

①**初始期**：维持与父母、兄妹和同伴的关系，接受教育，发展家庭生活的基础。

②**离家期**：发展亲密关系，培养工作认同感和经济独立性。

③**婚前期**：选择伴侣，发展关系，并确定与谁共组家庭。

④**生育前期**：与配偶形成共同生活的模式，调节与原生家庭的关系。

⑤**家有儿童期**：为儿童留出空间，初为父母者适应父母角色，帮助儿童发展同伴关系。

⑥**家有青少年期**：调整亲子关系并培养青少年的自主性，调节家庭关系并关注中年生活和事业问题，承担原生家庭的家庭责任。

⑦**子女离家期**：解决中年问题，与子女协商成年发展问题，回归二人家庭，将（外）孙子、孙女纳入家庭圈，解决原生家庭父母的身体失能和死亡问题。

⑧**家庭后期**：应对自身和周围人的身体功能衰退问题，将培养下一代作为维持家庭的中心，重视老人智慧和经验，为即将到来的死亡做准备。

上述模式主要反映的是占主流的核心家庭演变的进程。具体到某一个家庭，其家庭生命周期以及各阶段所面对的问题和事件未必完全按照上述模式表现出来。

知识点 4 成年中期的职业 ★★

休珀的职业生涯发展理论：休珀认为，职业发展的本质就是个体发展与贯彻其职业自我概念的过程。职业自我概念是个体在同社

> **TIPS ⑨**
>
> 家庭生命周期模式可结合你自己的成长经历来理解：在小的时候，你生活在一个大家庭中。等你长大成人了，就离开父母身边，选择与他人结为伴侣，开始建立自己的家庭。然后你们有了下一代，慢慢抚育孩子长大。后来，你的孩子长大成人，如你当初一样离开父母身边，而你也行将老去。

会的接触中所形成的关于职业与自身关系的认识及观念。人一生的职业生涯可分为五个阶段。 >> TIPS ⑩

①成长阶段（0~14岁）：发展自我形象与对工作的态度，了解工作的意义，并积累与未来工作相关的能力。

②探索阶段（15~24岁）：使职业偏好逐渐具体化、特定化，并将职业期望变为事实。

③建立阶段（25~44岁）：统整各种信息，保持稳定并追求上进。

④维持阶段（45~59岁）：维持既有成就与地位。

⑤衰退与脱离阶段（60岁以上）：适应退休生活，发展新的角色或探寻合适的活动来补充退休后的空闲，同时维持自身的能力水平。

仔细考虑人一生的职业生涯可发现，每个阶段同样都要面对成长、探索、建立、维持和衰退的问题，从而形成"成长—探索—建立—维持—衰退"的循环。

例如，个体在大学毕业后找到一份工作，就必须学习适应新的角色和工作环境，经过成长和探索之后，在建立过程中开始创业，并检验已经做出的职业选择，同时也面临下一阶段的成长——在当前职业中继续成长或另谋他职。原来已经适应的一切将会慢慢衰退，而新一阶段的成长、探索、建立、维持和衰退循环又将开始。

本节小结

成年中期是指35~60岁，这是人生发展历程的中间阶段，也是人生旅程的"中点"。本节主要介绍成年中期智力、人格、家庭和职业等四个方面的发展。智力可以划分为流体智力和晶体智力、认知机械成分和认知实用成分两种类型。沙伊将智力的发展分为四个阶段，斯滕伯格则将智力理论分为外显和内隐两种理论。在人格的发展中，自我是核心内容，它将人格的各个成分整合成统一的整体。此外，成年中期的人格既具有稳定性，又存在可变性。最后，本节还介绍了家庭生命周期及其模式、职业生涯发展理论等内容。

第四节　成年晚期的心理发展

知识点 1 老化及其理论 ★★★

1. 老化的含义

老化是指个体在成熟期后的生命过程中，表现出来一系列形态学以及生理、心理功能方面的退行性变化。衰老则是老化过程的最后阶段或结果。

2. 认知老化的主要理论

（1）感觉功能理论

认知老化是老年人的各种感觉器官功能衰退的结果。感知觉衰退得较早较快，而思维等老化得较晚较慢。

（2）加工速度理论

加工速度减慢是认知老化的主要原因。加工速度减慢对认知加工可能造成的影响包括：

①对信息的编码较浅，组织程度较低；

②对信息提取的时间变长；

③建立新、旧信息关联的速度减慢，造成对新信息的理解困难；

④影响依赖于早期加工的深层加工的进行。

（3）工作记忆理论

工作记忆的下降是导致认知老化的主要原因。巴德利认为，工作记忆的衰退是由中央执行器功能的减弱引起的。

（4）抑制功能理论　　　　　　　　　　　　

认知老化主要是因为**不能充分抑制与当前任务无关的信息**。因为有效的认知加工不但需要激活与当前任务有关的信息，还要抑制与当前任务无关的信息。

（5）执行功能减退说

认知老化与**额叶皮层功能的减退**有密切关系。额叶（尤其是前额叶）是老化最敏感的区域。

3. 延缓或适应老化的理论

有关延缓或适应老化的理论主要有如下四种。

（1）**积极活动理论**：认为社会活动是个体生活的基础，人到老年期同样需要活动，适应老化的最基本原则是积极与社会保持接触，继续以往的各种活动，在活动中获得积极的自我形象以及充实感与幸福感。

（2）**减少参与理论或脱离理论**：与积极活动理论相反，该种理论认为衰老是不可阻挡的自发过程，人到老年期应当减少职业活动和交往活动，留出属于自己的时间，安享自由、恬静的晚年，这是适应老年期身心特点的一种策略或生活模式。

（3）**连续性理论**：认为人到老年期并没有进入全新的生活方式，而是延续以前的活动模式，即应该继续保持良好的习惯和爱好，只有这样，老年人才会感到快乐和幸福。

（4）**社会构造理论**：认为所有年龄阶段的人包括老年人，都是以他们为自己构造的社会意义为基础参与每天生活的，没有适合所有人的固定不变的生活模式。该理论关注的主要不是哪种适应模式，而是老年人对怎样生活才是有意义的、更适合其自身状况的解释或理解。显然这是一种较新的、更适合老年人实际的延缓或适应老化的理论，因为它强调老年人的个体差异并因此选择不同的适应方式。

> **TIPS ①** 例如，老年人晚上睡觉容易惊醒，就可以用抑制功能理论来解释——容易惊醒是因为不能充分抑制其他与睡觉无关的信息。

知识点 2　两种不同的老年心理发展观 ★★

1. 传统发展观

（1）传统发展观把老年期看作"丧失期"，既身体健康的丧失、动人容貌的丧失、家庭和社会地位的丧失、智能的丧失等，把老年期心理活动的变化描写成只有衰退而没有发展的过程。这是一种消极的、悲观的发展观。

（2）传统发展观的主要理论根据有如下三点。

①把人主要看作一个生物有机体，其心理活动随着机体的发展而发展，随着机体的衰老而衰退；

②认为心理的发展是单向前进的、不可逆转的；

③认为年龄（时间）是心理发展或衰退的根据，而且是普遍适用的。

2. 毕生发展观（见本书第二章）

3. 二者的对比

（1）两种老年心理发展观各有其理论和实际的根据，但也各自存在一定的局限性。

（2）传统发展观认为人的心理活动随机体的发展而发展，随机体的衰老而衰退，就个体心理变化的总的趋势来说，这无疑是正确的。正视这一点对于发展心理研究和老年工作实践都有重要的意义。但是，传统发展观把人主要看作生物有机体，过于看重生物机体的变化和年龄对心理发展的影响，把心理发展看作是单向的、不可逆转的，以个体生物机体的成熟期作为心理发展或衰退的临界点，从而否定心理发展的连续性，这是不符合事实的，因而也是不可取的。

（3）毕生发展观提出了一系列心理发展的基本观点，强调人到成年期以后，心理仍然继续发展，这无疑是正确的、乐观的，应予以充分肯定。但同时，毕生发展观在强调心理发展贯穿个体一生时，即强调心理发展的连续性的同时，对人到成年期尤其是成年晚期，其心理变化的总趋势是衰退或下降这一事实，未能予以足够的重视。

（4）我们应当吸取两种观点的合理"内核"，科学、正确地看待成年晚期的心理变化与发展。

知识点 3　成年晚期的认知发展 ★★★　　» TIPS ②

1. 成年晚期认知发展的特点

①退行性变化：总的趋势是减退或老化，而不是增长或发展。

②持续性：增长或发展并没有终止，而是在持续进行，如晶体

TIPS ②

一般来说，与生理功能关系密切的简单心理过程，如视听觉、动作反应等，老年人比青年人要差些。但是，老年人复杂的智能和高级情感活动比青年人更深沉、更持久。

智力等。

③**差异性**：表现在两个方面。其一，不同心理机能老化的早晚和速率不同，如感知觉衰退得较早较快，而思维等老化得较晚较慢；其二，不同个体之间存在差异。

2. 成年晚期认知活动的具体变化

（1）感知觉显著减退　　　　　　　　　　>> TIPS ③

在成年晚期个体的各种认知活动中，感知觉的变化最明显。最早开始衰退的是听觉，其次是视觉。

①视觉：视力下降，明适应、暗适应时间延长，对颜色的辨别力下降。

②听觉：听力下降，对声音的辨别力下降，对言语的理解力下降。

③味觉：味蕾随着年龄增长而减少，味觉的敏感性随着年龄增长而下降。

④嗅觉：辨别各种气味的能力随年龄增长而衰退。

⑤触觉：触觉的敏感性下降，定位能力减退。

⑥温度觉：变得迟钝，容易烫伤或冻伤。

⑦痛觉：变得迟钝，不能及时躲开伤害性刺激，容易遭受外伤。

（2）记忆既有减退，又仍有优势

①再认成绩好于回忆成绩。

②内容有关联的、有意义的记忆成绩好于无意义的机械记忆成绩。

③初级记忆成绩好于次级记忆成绩。

④日常生活记忆成绩好于实验室记忆成绩。

⑤内隐记忆的年龄差异小于外显记忆。

⑥语义记忆的年龄差异小于情景记忆。

（3）思维的变化

老年人解决问题的能力显示出普遍下降的趋势。他们有强于青年人的概括能力、判断推理能力、综合分析能力，且这些能力不随年龄增长而减退，但在创造性思维和逻辑推理方面较青年人有所减退。

（4）智力有所减退，但并非全部减退　　　>> TIPS ④

①在以 18 岁为起点的整个成年期，个体的某些能力逐渐下降，而另一些能力则相对稳定。如流体智力逐渐下降，晶体智力则保持稳定，甚至会上升。

②在 67 岁以前，个体的某些认知能力会下降，但下降的幅度很小，80 岁以后才会很明显下降。

例如，人们一般对老年人的印象是"耳聋眼花""反应迟钝"等。

老年性智力减退，除表现为记忆障碍、思维固执、注意力难以集中以外，较为严重的是阿尔茨海默病，患者表现的主要症状是：记忆受损、言语障碍、视觉和定向障碍。

③智力变化的个体差异非常明显。
④环境及文化因素对智力下降的程度存在影响。

知识点 4 成年晚期的情绪情感 ★★

成年晚期情绪情感的一般特点如下。
①比较容易产生消极的情绪情感；
②情绪体验深刻而持久；
③情绪表达方式较为含蓄；
④各种"丧失"是情绪体验的最重要的激发事件； ≫ TIPS ⑤
⑤我国老年人生活满意度较高。

知识点 5 成年晚期的适应模型和临终心理 ★★ ≫ TIPS ⑥

1. SOC 模型

（1）SOC 模型是成功解决成年晚期个体适应老化的理论模型。该理论模型要整合以下三种过程。
①选择：确认最有价值或最重要的机遇或活动领域。
②最优化：有效地分配和提炼资源，以便在所选择的领域中发挥更大的作用。
③补偿：在资源减少的情况下，确定一些可以弥补损失和将其对功能的消极影响减少到最小的策略。

（2）老年人必须在有限范围内选择一定数量的目标（S），集中资源或手段在选定的领域里实现目标（O），而当实现目标的手段出现了不可避免的丧失或者下降时，为了维持某种功能水平，个体就必须采用相应的策略（C）。

2. 临终心理

屈布勒-罗斯发现，人在临终时的心理一般要经过五个阶段：
①否认：感到震惊和难以置信，否认自己将死，不接受死亡就要发生的消息。这一阶段的个体对死亡尚无思想准备，否认是为了暂时躲避疾病给予的压迫感。
②愤怒：开始承认死亡，但是内心充满愤怒，时常为死亡将要发生在自己身上而愤愤不平。
③交易（乞求、讨价还价）：表现平和，存有发生奇迹的幻想，与医生甚至命运、死神进行交易，以期延长寿命。
④抑郁：知道乞求无效、死亡无可避免后，表现出悲观沮丧的抑郁情绪。
⑤承受（接纳）：听从或承受命运的安排，接受死亡即将来临的现实。

TIPS ⑤

丧失包括：社会地位、专业、健康、容貌、配偶等方面的丧失。

TIPS ⑥

否认——"是不是搞错了？"
愤怒——"为什么是我？"
交易——"如果我能活到看着孩子大学毕业，我就别无他求了。"

要注意，并非每个人都会走过这五个阶段，个体之间的差异是非常大的。因此，与其说是阶段，倒不如说是人们在面对死亡威胁时可能使用的五种应对策略。

本节小结

　　成年晚期亦称老年期，一般指60岁以上的时期。本节主要介绍成年晚期的认知老化、情绪情感的变化，以及面对死亡的一系列心理变化。关于认知老化的原因，五种理论从不同的角度进行了说明，这五种理论分别是：感觉功能理论、加工速度理论、工作记忆理论、抑制功能理论和执行功能减退说。人到老年，首先在生理上会发生一系列退行性的变化。与生理的退行性变化相对应，感知觉能力的衰退最为明显，记忆、思维等方面也表现出衰退趋势。但从智力发展来看，老年期的智力在总体上有所衰退，但并非全面衰退。老年期情绪情感的变化更为明显，易产生消极情绪。随着年龄的增长，死亡变得越来越可预期。在面对死亡时，心理一般会经历五个阶段的变化，即否认—愤怒—交易—抑郁—承受。在这个过程中，家人应该给予老人更多的支持，以帮助他们更平和地面对死亡。

名词总结

辩证逻辑思维	父性原理	母性原理	流体智力
晶体智力	机械型智力	实用型智力	智力的外显理论
智力的内隐理论	成人依恋	家庭生命周期	临终心理

参考文献

[1] 林崇德. 发展心理学 [M]. 3 版. 北京：人民教育出版社，2018.

[2] 桑标. 儿童发展心理学 [M]. 2 版. 北京：高等教育出版社，2022.

[3] 刘金花. 儿童发展心理学 [M]. 上海：华东师范大学出版社，2013.

[4] 周宗奎. 儿童青少年发展心理学 [M]. 武汉：华中师范大学出版社，2011.

[5] 刘国雄. 儿童发展 [M]. 北京：科学出版社，2017.

[6] 雷雳. 发展心理学 [M]. 3 版. 北京：中国人民大学出版社，2017.

[7] 陈英和. 发展心理学 [M]. 北京：北京师范大学出版集团，2015.

[8] 刘梅. 儿童发展心理学 [M]. 2 版. 北京：清华大学出版社，2016.

[9] 杨丽珠，刘文. 毕生发展心理学 [M]. 北京：高等教育出版社，2006.

[10] 谢弗. 社会性与人格发展 [M]. 陈会昌，等译. 5 版. 北京：人民邮电出版社，2012.